U0334323

出品人/PRESIDENT 宋纯智, scz@mail.lnpgc.com.cn

主编/EDITOR IN CHIEF 吴 磊, stone.wu@archina.com

供稿编辑/CONTRIBUTING EDITOR （美）G·斯丹利·科利尔, scollyer@competitions.org

编辑/EDITORS 韩欣桐, cindyhan@competition-china.com
王晨晖, maggiechenhui@competition-china.com
刘翰林, hanlinl@competition-china.com
孙阳, sunyangsw@competition-china.com
张珩, zhangheng@competition-china.com
潘鸥, panouelena@competition-china.com

网站编辑/WEB EDITOR 钟澄, charley@competition-china.com

美术编辑/DESIGN AND PRODUCTION 杨春玲, yangcl@competition-china.com

技术插图/CONTRIBUTING ILLUSTRATOR 李 莹, laurenceli@competition-china.com

撰稿人/CONTRIBUTORS （美）G·斯丹利·科利尔（Stanley Collyer）
保罗·施普赖雷根（Paul Spreiregen）
威廉·摩根（William Morgan）
拉里·戈登（Larry Gordon）

翻译/TRANSLATORS 张晨 于芳 韩欣桐 孙阳

市场拓展/BUSINESS DEVELOPMENT 连晓静, amy.lian@archina.com
(86 21) 5513-8583 fax: (86 21) 5596-7178
钟澄, charley@competition-china.com
(86 24) 2328-0272 fax: (86 24) 2328-0367

发行/DISTRIBUTION 袁洪章, yuanhongzhang@mail.lnpgc.com.cn

读者服务/READER SERVICE 蔡婷婷, Cai-Tingting@competition-china.com
(86 24) 2328-0272 fax: (86 24) 2328-0367

扫描二维码
即刻欣赏好视频

图书在版编目（CIP）数据

竞赛：文化建筑/（美）科利尔编；于芳等译. ——
沈阳：辽宁科学技术出版社, 2014.6
ISBN 978-7-5381-8623-9

I. ①竞… II. ①科… ②于… III. ①文化建筑 –
建筑设计 – 作品集 – 世界 – 现代 IV. ①TU242
中国版本图书馆CIP数据核字（2014）第095676号

————————————————————————

竞赛VOL. 1/2014

辽宁科学技术出版社出版/发行（沈阳市和平区十一纬路29号）
各地新华书店、建筑书店经销
利丰雅高印刷（深圳）有限公司
开本：230×275毫米 1/16 印张：8 字数：100千字
2014年6月第1版 2014年6月第1次印刷
定价：**48.00元**
ISBN 978-7-5381-8623-9
版权所有 翻印必究

微 信 二 维 码
competition-china

辽宁科学技术出版社 www.lnkj.com.cn

竞赛

Competitions

2014 年 第 1 期 　文化建筑

封面：OFIS建筑公司设计的贝特足球俱乐部体育场
左图：OFIS建筑公司设计的贝特足球俱乐部体育场
上图：FX福尔建筑师事务所、弗雷德里克·施瓦兹建筑师事务所、须芒草联合公司、布尔汉尼设计建造事务所和崔艾·建筑事务所设计的内罗毕阿尔杰米大学校园
中图：ALA建筑设计事务所设计的赫尔辛基图书馆
下图：SO-IL建筑事务所、波林·塞文斯·基杰克逊事务所和惠婷-特纳公司设计的加州大学戴维斯分校博物馆

2014年伦敦有机超高层建筑设计竞赛

ORGANIC SKYSCRAPER
LONDON
2014

就目前而言，世界范围内没有一个统一的标准来严格规定到底多高的建筑才会被定义为超高层建筑。对于塔式建筑和超高层建筑两者关系的界定仍不明朗，即使30层楼高的塔式建筑很难让人们理解为这是一栋超高层建筑，而当人们看到一栋超过50层的非塔式建筑会毫不犹豫地认定这就是超高层建筑。由安波利斯标准委员会定义的高层建筑是指高度在35米到100米之间的多层建筑结构，或指在不确切知晓建筑高度的情况下，建筑的楼层数在12层到39层之间，则会被认定为高层建筑；其定义的超高层建筑则是指建筑高度在100米及以上或在300英尺及以上的多层建筑结构。但在美国和欧洲等地建筑高度在150米及以上或高度在490英尺及以上的多层建筑才会被定义为超高层建筑。

设计挑战

本次竞赛鼓励参赛者在信息化城市中设计一栋全新的有机超高层建筑。参赛者应着重考虑人们对建筑功能的需求，并找到增加或改变超高层建筑高度的解决办法。在设计过程中，设计者应充分利用超高层建筑在垂直结构上的优势，并将生态设计理念融入建筑空间，厘清建筑与社会、环境、文化和经济之间的关系，化解人们对超高层建筑使用效率低等问题的担忧。有机超高层建筑是指为满足人们日后对建筑空间的需要在已完工建筑的垂直方向上增加或改变建筑高度，对超高层建筑的高度进行调整或增加，实质上就是对建筑的一种扩建。信息化城市是指以高度或高密度著称的创意科技公司和电子科技公司为主的商业社区。

就本次比赛而言，竞赛主办方规定超高层建筑的高度底线为100米或330英尺，而极高层建筑的高度底线为300米或984英尺。

参赛者需要严格遵守各种功能分区的要求（技术区60%；媒体区10%；设计区5%；教学区5%；金融区5%；法务区5%；娱乐区5%；医疗健身区5%），但是参赛者可以自由决定比率组合、面积组合及空间组合。地块总面积约为3150平方米，总设计面积则取决于参赛者的作品设计。参赛者应考虑建筑的适应性、灵活性、地域性、美观性和安全性。

参赛资格

建筑师、建筑师团队、跨学科设计团队（包括工程师、设计师、规划师、景观设计师等）。

时间安排

提交截止日期：2014年 6月10日
获奖名单公布日期：2014年6月26日
奖项安排：
一等奖：3000美元
二等奖：1200美元
三等奖：800美元
注册网址：
www.SuperSkyScrapers.com

2014年波罗的海温泉度假村设计竞赛

architecture vision competition
BALTIC THERMAL POOL PARK
registration deadline JUNE 12, 2014
prize US$ 10 000

homemadedessert.org

新千禧伊始，拉脱维亚利耶帕亚市政府便致力于把城市打造成为一座度假城市。得天独厚的宽阔海滩每年都吸引着来自欧洲各地的旅客到此处休闲娱乐，游客可以在滨水的咖啡厅或酒吧中尽情享受阳光沙滩带来的乐趣。而对于那些喜欢亲近自然、探索自然的旅游爱好者而言，在岸边畅享大海带来的平静更是一种别样的享受。利耶帕亚市虽然拥有独一无二的海岸景致，但是真正意义上的度假村及旅游配套设施却十分匮乏，一直无法满足游客对休闲和娱乐的需求。

拉脱维亚是欧洲北部波罗的海诸国中的一颗明珠，西部和北部临波罗的海。利耶帕亚市是全国第三大城市，既拥有一部分波罗的海东北海岸线，又毗邻利耶帕亚湖。由于近年来地下温泉开采工程进展显著，当地发现了矿物质和含盐量较高的地下温泉资源。

设计挑战

本次竞赛主办方规定参赛者要设计温泉度假村及室内外配套理疗设施，并且希望度假村建筑群可以供海内外游客全年享受优质的休闲娱乐活动，呼吸海边新鲜空气，享受温泉的洗礼。设计地点位于波罗的海滨海公园内。

在19世纪，建筑师保罗·马克思·伯奇曾经对此公园进行过扩建，如今，滨海公园占地约70公顷，植被140余种，已成为游客享受海滩、亲近大海的度假首选目的地。出于环境保护的考虑，主办方要求参赛者保留场地内部分珍稀物种的植被。

参赛者的设计作品应该确保建筑或建筑群内的功能区齐全。其中，户外温泉区包括温泉池、吧台及水下座椅；室内温泉区包括小型温泉池、涡流池、气泡流、水下座椅、儿童温泉池、淋浴区、卫生间和急救室等；理疗健身区包括接待等候区、水疗室、按摩室、健身房、美容沙龙等；住宿区则需要包括多种房型的居住空间，可供满足旅客的多重要求；餐饮区主要包括餐厅和酒吧。另外，停车场及其他配套服务区也应该受到参赛者的重视。场地密度不超过20%，建筑高度不超过16米。

参赛资格

本次竞赛为开放式竞赛，参赛作品须由个人或者设计团队提供，设计团队至多有4位成员。

时间安排

注册截止日期：2014年 6月12日
提交截止日期：2014年 7月10日
获奖名单公布日期：2014年8月18日
注册费用：
正常注册：120美元
奖项安排：
一等奖：6000美元
二等奖：3000美元
三等奖：1000美元
注册网址：
homemadedessert.org

2014年世界高层都市建筑学会国际大学生高层建筑设计竞赛

Council on Tall Buildings and Urban Habitat

Competition Sponsored by:

IS**A** ARCHITECTURE
现代设计集团 上海建筑设计研究院有限公司

世界高层都市建筑学会发起的第三届世界高层建筑设计竞赛已开始注册。本届竞赛旨在进一步揭示高层建筑对现代社会的意义和价值。正如上届竞赛评委会委员长科恩·佩德森·福克斯建筑设计事务所的威廉·佩德森所说：高层建筑的价值已发生实质性转变，这会促使整个城市空间甚至社会活动的变更。因此，高层建筑已不仅是获取经济利益的一种途径，而应充分发挥其对城市、环境以及都市生活的促进作用，这才是高层建筑的发展趋势。近些年，越来越多的设计者在反思高层建筑到底在整个城市环境和空间中发挥着怎样的作用，而面对日益严峻的环境问题，高层建筑是否可以进一步降低能源消耗。

设计挑战

参赛者可以任意选择一处地点作为建筑的目标位置。当然，这并不代表参赛者可以忽略地理位置与建筑之间的关系，反而参赛者应该全方位地考虑地点的区位因素，而且目标位置必须为一处切实存在的场地，并可以通过地址找到。参赛者在高层建筑的设计上应充分考虑周围场地的情况。另外，参赛者还可以自由决定高层建筑的面积、高度和功能等。参赛者应充分考虑高层建筑与周围城市环境的协调关系，一方面充分利用城市空间环境的有利条件，另一方面通过研究城市空间环境找到高层建筑设计的解决方案。参赛者的设计灵感可以来

源于对城市本土文化、地理区位及环境因素的解读，而且参赛者应该明确建筑项目与城市微观环境，甚至城市宏观环境到底有着怎样的藕断丝连的关系。至关重要的是参赛作品应明确地阐释建筑的结构、功能、外观、材料和美学等诸多具体问题。参赛者也要对由世界高层都市建筑学会公布的高层建筑设计准则有一定了解。例如"建筑高度的二分之一或更多的空间可供使用者日常使用"，参赛者需要注意建筑的实用性，最好不要设计成瞭望塔、通讯塔或其他类似的建筑。若想了解由世界高层都市建筑学会公布的高层建筑设计准则，可访问网站www.ctbuh.org/criteria。

参赛资格

参赛者必须为大学生，即将毕业或刚刚毕业的学生。参赛者应于2013年秋季或之前入学。竞赛作品中文字用英文书写。

时间安排

注册截止日期：2014年6月23日
提交截止日期：2014年7月1日
获奖名单公布日期：2014年9月17日
奖项安排：
一等奖：6000美元
二等奖：5000美元
三等奖：4000美元
四等奖：3000美元
五等奖：3000美元
注册网址：
www.ctbuh.org/competition

2014年"蓝奖杯"国际大学生生态建筑设计竞赛

Blue Award 2014

International
Student Competition
For Sustainable
Architecture

建筑行业消耗了约占总材料消耗和总水资源消耗的40%，排放的温室气体约占总温室气体排放量30%。因此，生态建筑设计既是一个难题，又是一项技术挑战，更是设计师的一种责任。本次竞赛希望正在学习建筑和规划的学生以一种审慎的态度来处理建筑与环境之间的关系。

主办方

2014年"蓝奖杯"设计竞赛由维也纳工业大学建筑与设计学院空间和生态设计系和建筑和空间设计协会共同主办。

设计挑战

本次竞赛旨在探究和促进可持续理念在建筑设计、城市规划中的应用。设计师在进行技术研究、功能探索时，应充分考虑可持续发展的问题。本次竞赛鼓励参赛者设计出具有未来感的作品，并找到合理解决可持续发展问题的方法。未来的建筑环境到底呈现何种状态？当然不可能是单纯一种状态，很可能会呈现出多样性的环境发展趋势。本次竞赛还要求参赛者充分考虑建筑与社会、文化之间的关系。参赛者可提交如下三类作品：

1. 城市发展与转型及景观发展

包括对现有城市肌理的更新和扩建，涵盖对住宅结构和建筑类型的全新创作。参赛者应充分考虑建筑是否能实现能源的自给自足及如何重新诠释城市公共空间等问题。

2. 生态建筑和创新现有建筑

生态建筑应在规划和建造过程中全方位体现可持续的理念，参赛者应考虑社会、经济和生态因素，用外观造型凸显可持续性。对现有建筑，参赛者可采取翻新、扩建等手法，尽量提升现有结构的使用寿命和利用率，控制新建部分的体量。

3. 结构创新和细部处理

在处理建筑可持续设计时，参赛者应研究建筑细部，并考虑建筑材料的选取、节能材料的生产工艺、性价比、使用效能等方面的因素。

参赛资格

所有大学本科生（包括正在撰写毕业论文的学生）及硕士生均可参加。参赛者须有指导教师——对参赛者及其作品进行确认，请前往www.blueaward.at下载确认表格。作品说明文字须英文。作品可由团队完成，每位成员都应满足参赛要求。教师和教学秘书禁止参赛。

时间安排

提交截止日期：2014年9月1日
获奖名单公布日期：2014年12月2日
奖项安排：
三类奖项奖金共计1万欧元，具体每类竞赛奖获奖金额由评委会决定。
注册网址：www.blueaward.at

LONDON CINEMA CHALLENGE
伦敦电影院建筑设计竞赛

近些年来人们能在网络上找到电影资源，甚至直接非法下载，这就导致电影光盘的销售情况日益堪忧，即便高清格式的蓝光电影光盘也没有完全扭转销量市场的颓势。面对这种严峻的形势，电影院绞尽脑汁地试图为观众提供更加优质的观影视听享受，要完胜小小电脑屏幕的播放效果。正当电影院试图挽回逐渐流失的观众时，视频付费点播，全新的一种合法、便利的观影方式的横空出现，再次重创电影光盘销售市场，如此一来电影院的地位变得更加岌岌可危。因此，伦敦电影院建筑设计竞赛旨在鼓励参赛者提出可以扭转电影院不良局面的解决办法，并探讨电影院是会随时间的推移消失于人们的视野，还是电影院不可能被其他观影方式所取代等命题。

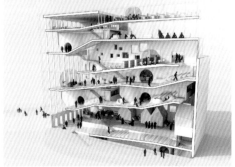

轴测图、效果图: ©艾蒂安·法布尔和琼·伊曼纽尔·大卫的竞赛作品"电影节"

设计挑战

参赛者作品既可是供独立影片上映的小型影厅，也可是商业性较强的多层电影院。电影院目标地点位于伦敦市中心的纽曼大街。参赛者可以自由决定建筑体量和设计手法，但必须赋予设计作品特定的主题，并考虑场地周围的环境。

参赛资格

任何个人或2~4人的团体均可参赛，参赛者可以是专职建筑师或学生。

时间安排

提交截止日期: 2013年11月10日
获奖名单公布日期: 2013年12月31日

获奖名单

一等奖: 艾蒂安·法布尔和琼·伊曼纽尔·大卫的竞赛作品"电影节"。评委会认为作品"电影节"入木三分地呈现出现代电影院的建筑形态，而且在深入地研究后两位设计者找到了挽救电影院日渐衰落局面的方法，并运用美观和极具视觉冲击力的建筑外观招徕观众，利用建筑空间为观众提供优质的观影服务。另外，为了促进独立影片的展映，引导观众参与观影论坛和讲座，设计者独具匠心地运用兼具美观和实用性的交通流线激活各个功能区，而正是这起到穿针引线作用的线路让电影院重获生机。

二等奖: 娜达·奥昆拉夫和杰米·塞维利亚的竞赛作品"同气连枝"。竞赛评委会委员评价道，这件设计作品并非给人一种电影院和电影学院恰巧在同一栋建筑中的错觉，而是恰到好处地将两种功能的空间融会贯通，形成密不可分的一个整体。因此，竞赛作品"同气连枝"的建筑布局方式非常具有借鉴意义。

三等奖: 刘舒平(音)和杰基·克莱斯诺库兹卡亚"大众西洋景"。此作品通过激发大众的偷窥欲来吸引观众进入电影院观影。建筑呈"黑匣子"造型，让人们直观地感觉到电影制作行业的工业气息。与极简的黑色外观相对比，影院内部空间烘托出充满活力的文化氛围，可充分满足电影业专业人士及普通大众的观影需求。

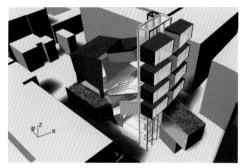

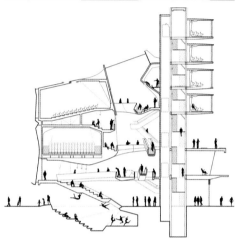

立面图、效果图: ©娜达·奥昆拉夫和杰米·塞维利亚的竞赛作品"同气连枝"

轴测图、效果图: ©刘舒平(音)和杰基·克莱斯诺库兹卡亚"大众西洋景"

ROYAL ADELAIDE HOSPITAL SITE
皇家阿德莱德医院地块建筑设计竞赛

皇家阿德莱德医院位于北台地东部，毗邻阿德莱德历史公园。在设计上参赛者应考虑到北台地本土文化特征和周围历史公园的地理脉络。另外，从历史角度而言，在欧洲移民到来之前此地为一处非常重要的土著居民聚居区，时至今日，依旧有很多土著居民选择在皇家阿德莱德医院进行治疗和疗养。

外景、立面图：©思莱仕建筑事务所和菲利普斯·皮尔金顿建筑事务所

外景、立面图：©奈斯建筑事务所和姆洛维建筑工作室

设计挑战

皇家阿德莱德医院所处地区保留着许多具有历史价值的医疗建筑，参赛者在设计过程中应保留其中部分建筑，不可将场地内所有建筑拆除。现有建筑中的升降梯、空调系统、用水管线及相关设施已投入使用超过40年，即将到达使用期限。医院整个地块占地约5.3公顷，地块上分布着大大小小的多层建筑。参赛者应考虑医院的场地因素、现实情况以及周围环境，并着眼于功能性和外观造型。皇家阿德莱德的医院不仅仅是一座医院，更是一栋公民建筑、文化建筑，参赛者应尽可能地提升具有历史文化价值的老旧建筑的适应性，并优化医院与周围环境以及整个城区的交通流线，同时打破医院建筑的封闭感，打造开放、开阔的公共空间，应用适合医疗建筑的生态设计手法。

时间安排

获奖名单公布日期：2013年12月10日

获奖名单

一等奖：思莱仕建筑事务所和菲利普斯·皮尔金顿建筑事务所。评委会委员惊异于此件作品充分地展现出设计者对皇家阿德莱德医院地块社会、地理和历史条件的广泛研究，不仅赋予医院全新的活力，同时经济可行性非常强。这件设计作品利用功能、建筑、文化、

经济和景观的多样性塑造出良好的医院环境。设计者几乎完全利用现有建筑，并非将现有建筑全部推倒重建才是重新树立新形象的最佳方法，在场地内加建多样化的新建筑，与现有建筑穿插并行更能呈现出一个地区"长江后浪推前浪"的发展脉络。另外，设计者对混合功能区的拿捏恰到好处，例如适当建造酒店、图书馆等新建筑。

二等奖：奈斯建筑事务所和姆洛维建筑工作室。设计者认为皇家阿德莱德医院的核心在于打造具有本土性的建筑外观，建筑形似一座小山，由拆迁建筑废料搭建而成，将城市建筑垃圾变废为宝，打造新型城市空间。设计者充分利用绿色植被垂直分布于整栋建筑立面，展现出城市与自然和谐共生的环保理念，绿色植被有助于调节室内外空间小气候，加热塔和制冷库可实现下沉制冷、地热置换及热量消除等功能。在地块的东北角设计一座混合功能塔，主要为人们提供居住空间及配套设施，这栋建筑旨在激活医院的经济发展潜力。混合功能塔共23层，上层空间为公寓，下层空间为公共空间，例如运动中心。每层楼的阳台处缩进深度、朝向不同，充分利用阳台绿化和太阳能加热系统实现生态设计理念。

二等奖：邦哈格·德罗萨建筑事务所和泰勒·丘莉蒂·蕾兹林建筑事务所。此件设计作

品提出适当保留现有建筑，拆除处于地块中心区域部分建筑，以提升楼群间的通透度、流线性和通达性。评委会委员认为设计者为激活公共生活、创建人文空间方面的创意非常值得肯定，例如规划户外活动场地、学习交流空间，注重人们的饮食安全等问题，全都渗透着设计者对可持续发展的理念的践行。另外，垂直花园的创意也给人们带来了全新的体验。

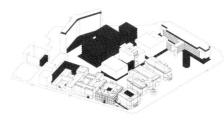

外景、拆除与新建：©邦哈格·德罗萨建筑事务所和泰勒·丘莉蒂·蕾兹林建筑事务所

HENNING LARSEN ARCHITECTS WINS NEW KIRUNA CITY HALL COMPETITION

亨宁·拉尔森建筑事务所夺得基律纳新市政厅竞赛第一名

亨宁·拉尔森建筑事务所与瑞典的德玛景观建筑公司、WSP施工公司和UiWE文化设计公司（Henning Larsen Architects, Tema Landscape Architects, WSP Engineers, UiWE Cultural Designers）共同获得基律纳新市政厅竞赛一等奖。基律纳是瑞典北部城市，伴随着新市政厅的建立，其市中心也将迈入全新的发展阶段。竞赛评委会主席里斯贝斯·尼尔森评价道，"在评选过程中，我们曾咨询许多专业领域人士，参考相关报告，而且调研公众的建议，最终确定亨宁·拉尔森建筑事务所的设计获得优胜奖，我们非常满意这颗市政厅'水晶'的设计。""水晶"的设计灵感源于基律纳的文化、历史特质。新市政厅圆形的外观可起到调节建筑内外小气候的作用，且可接受超过一般建筑17%的日照量。

现有市政厅建筑于1958年开始设计，在当年市政厅建筑竞赛参赛名单中不难找到阿尔瓦·阿尔托和奥斯卡·阿图尔的名字，最终后者取得竞赛的优胜奖。市政厅最终于1963年竣工，次年一举获得由瑞典建筑师协会颁发的卡斯帕·萨林建筑奖，该奖项公认为是瑞典境内最富声望的建筑类评奖。

新市政厅包括2个建筑体量，室内形似一颗珍珠，其灵感来源于该地区地下丰富的矿石资源。外层建筑形似一枚指环包裹着内里的珍珠，主要起到抵御恶劣自然环境的作用。环形立面和带型窗充分地体现出设计团队的创意——带型窗的材质和设计可将太阳光线引入室内，中庭也采用类似的设计，白色敷面的屋顶结构和建筑室内明亮的墙面能完全保障建筑内部空间的日照条件。在新市政厅前面将会竖立起旧钟塔，

同时也尽可能地再利用旧市政厅的建筑材料或部件。新市政厅赋予市政建筑日常感和公众感。可持续的理念从设计之初便是重中之重。考虑到城市地下资源开采的问题，市政府决定将现有的基律纳市政厅及周围建筑进行搬迁，预期2035年前完成总数达2500户住宅及20万平方米的商业、办公、学校、医疗建筑的搬迁工作。市政厅是首批批准的搬迁工程的重点项目，因此新的市政厅将被作为城市新发展的开始信号，预计2016年投入使用。

亨宁·拉尔森建筑事务所的合伙人及设计总监谈到，"建筑在应对恶劣天气和风力因素方面下了很大功夫，还要确保建筑内的日照条件。基律纳新市政厅应体现出人文性和公共性，设计团队利用核心为公共功能区，外围为办公室的布局完美地诠释出建筑的公共性。"

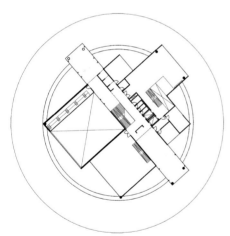
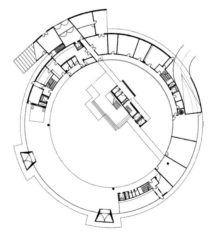
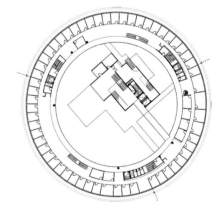

技术图和效果图：© 亨宁·拉尔森建筑事务所、德玛景观建筑公司、WSP施工公司和UiWE文化设计公司

百殿建筑与莱维特·伯恩斯坦建筑事务所夺得伦敦皇家码头竞赛

2014年3月，由百殿建筑设计公司（BDP）伯大尼·盖尔与莱维特·伯恩斯坦建筑事务所（Levitt Berstein）萨拉·托里共同设计完成的"银镇码头"以绝对优势击败另外20余件最终竞赛作品获得优胜。本次竞赛是由英国景观协会和生态建筑公司举办，旨在让参赛者重塑伦敦皇家码头，并解决洪水、干旱、水污染等问题。

盖尔和托里在谈到设计构思时说："银镇码头将为皇家码头注入现代感元素。银镇码头过去为用于造船、修船的槽式船坞，未来，它将是具有生态性和人文性的综合码头。"银镇码头也将成为一个可供人们尽情游玩的场所，同时开辟可供滨水野生动植物存活、生长和培育的保护区。设计团队沿用场地内的绿色轴线加强码头与周围地区的联系。

评委会委员评价道，"银镇码头的设计展现出极强的地域感，也完整地延续着码头的历史感，看似轻描淡写的设计理念并非无足轻重，而是把当地人们对码头的憧憬完全付诸于现实，这个设计不可多得。码头上的绿洲不仅会让人们爱上这座码头，同时让它变得更加人性化，码头似乎一下子就变得温柔了。"

银镇码头可供游客休闲娱乐、戏水纳凉，它也是集社区空间和旅游胜地为一体的新型码头，是野生动植物的栖息地。此项规划有洪水缓冲区、生态环境区、游乐区。鉴于工业革命时期对环境造成的破坏，设计团队决定将码头西段设定为动植物栖息地，提高周围绿色植被覆盖率。码头东段则是多功能场地——可划船、赛艇、游泳、潜水。

效果图：© 百殿建筑与莱维特·伯恩斯坦建筑事务所

BRAMBERGER [ARCHITECTS] WINS COMPETITION FOR THE NEW HIGH TECH CAMPUS

奥地利班贝格尔建筑事务所获得高科新工业园国际竞赛一等奖

效果图和模型图：© 奥地利班贝格尔建筑事务所

奥地利班贝格尔建筑事务所（Bramberger [architects]）的获奖设计方案是利用四个体量的建筑合围出一定的公共空间，并且运用一条主轴将这四个体量连接起来。

目前，这条主轴线仅作为贯穿四个体量的主要交通线路，今后，它可能将被延伸到周围的建筑，最终促进园区设施的完善与创新。

四个体量交错地分布在场地内，使得室内外空间极富层次感。各个功能区的布局紧密、交通流线便捷，因此，人们可以通过最便捷的线路穿梭于四个体量之间，营造出优质的办公体验。

"由于本次竞赛要求整个项目可以分阶段施工完成，互不影响，不影响现有建筑日常办公，鉴于此我们提出建立四个不同的体量的方案以满足独立施工的要求。"班贝格尔建筑事务所阿尔弗雷德·班贝格尔谈道。

设计团队将轴线设计成专属人行道和自行车道，而且与机动车道仅有两次交汇。设计团队认为：今后这条轴线可以有所延伸，沿着被无线网络信号覆盖的大楼一直延伸到周围的大学，加强工业园区与周围的教学楼的联系。在不影响四栋建筑日常办公的情况下，轴线的延伸工程可以分四个阶段完成。同时，园区绿化工程也随着这条轴线建设，景观植被与建筑施工同期进行。

园区建筑对周围建筑群起到补充的作用。园区内功能区呈水平方向分布，促进工作人员的交流，中心庭院是一处可供员工举办各类活动的场地。基本功能区位于上下两层楼，便于工作人员日常使用，建筑内、外形成一个紧凑的结构。布局多样的大型办公空间，其结构清晰，功能齐全，采用1.25米隔栅，与景观区相连接。接待区与管理区联系紧密，且距离大楼入口较近。会议室布局非常灵活，可根据使用者的需求而重新布局，并紧邻中庭。

从实用主义出发完善建筑的功能性，营造出风格硬朗的城市空间，促进与周边建筑的整合，打造菲拉赫新型工业园区。施工已开始进行，预计2015年夏季完工。

马尔斯建筑事务所赢得克莱德活动中心竞赛

克莱德活动中心竞赛要求参赛者不仅要在建筑中规划出攀岩墙、健身中心、游泳池、舞蹈室和运动场馆，还要设计出巨石公园、水疗中心、酒吧和餐厅。而最大的设计挑战是要将不同的功能区建立在一栋建筑

"也许因为它外观造型呈W形，表示我们公司'沃托邦'。我喜欢这件作品，因为它貌似结构复杂，但你仔细想想就会发现它们其实又很简单。空间布局既有趣又很大胆。你可以想象，当你走入建筑中会先产生一种迷失感，而当你认清道路时会发现这种迷失感会再次降临，但同时感到惊喜，也许这就是建筑的魅力。极富张力的造型及大胆的设计让人心生喜爱，尤其是屋顶的酒吧，人们在此处可以欣赏到周围的美景。"沃托邦公司首席执行官以瓦落•潘契夫评价道。

居民区和商业区之间采用形体各异的楔形墙为隔断，充分起到缓冲和连接作用。建筑多样性是本竞赛作品的设计初衷。三片互有交错的景观带围出新颖、流动的户外空间，峡谷区可供游人体验惊险刺激的攀岩，河谷地区可供举行小型活动，办公区设有开放式景观带。峡谷区遍布整个活动中心，四个中庭起到被动

中，便于处在活动中心内的人们迅速找到目标活动室，以便节省时间。沃托邦公司将出资建造克莱德活动中心，所以希望设计作品可以将运动、休闲等功能区合理布局形成连贯的网络。

式调节小气候的作用，同时将太阳光线引入室内。场地中心到边缘运用一条贯通的步行道连接所有功能区。由于建筑造型新颖，所以设计团队利用建筑褶皱处作为可供人们攀爬的墙壁，合围出的公共区域作为室内中庭，供人们攀爬的外墙也起到承重作用。马尔斯建筑事务所和印托建筑事务所（Mars Architects & Intoarch）在运动场馆内实现了竞赛主办方所推崇的运动、休闲和自然三位一体的设计理念。办公区的外部表皮可作为攀岩的墙面，活动中心可根据需求在墙面上增设铁丝网或隔栅。此处墙面因视线角度不同而呈现不同效果，人们在室外时会发现墙面成半透明，人们处在室内则会发觉墙面完全透明。沃托邦可根据这样的设计理念建造出精致且造型奇特的克莱德活动中心。在建设过程中，从场地挖掘出的土壤保留下来堆成小山的造型，避免因土壤运输造成的资金和资源浪费。

模型图、效果图和技术图：© 马尔斯建筑事务所和印托建筑事务所

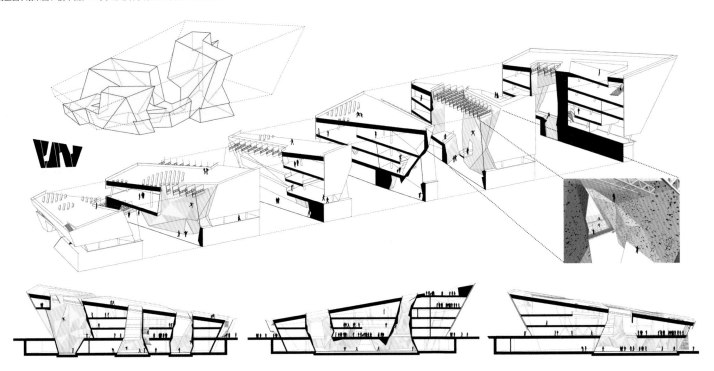

"富饶乡村上的不朽传奇"
获得欧洲青年建筑师比赛奥地利地区联合优胜奖

依其建筑事务所（itCH studio）的竞赛作品"富饶乡村上的不朽传奇"获得欧洲青年建筑师比赛联合优胜奖。这是他们首次在欧洲青年建筑师比赛中获奖。作品名"富饶乡村上的不朽传奇"引自保罗·克利的绘画作品。保罗·克利惯用一种极具数学思维的构图模式在画作中展现尼罗河周边土地的轮廓，他摒弃写实手法，在其画作中运用精确的几何图形来诠释。依其建筑事务所在考查维也纳东北部的乡村后决定采用与保罗·克利相似的设计灵感用中世纪情节打破当地居住、商业建筑的现有局面。

维也纳城区因多瑙河横穿而过呈现出分割的分布状态，多瑙河南岸为历史城区，项目的目标地点则位于北岸的卡格兰市。查看卡格兰市的历史地图就会发现，城市建筑分布非常具有中世纪情节，因为大部分建筑为南北朝向，且建筑群呈现狭长布局的状态。鉴于卡格兰市现状，设计团队着重强调建筑结构的层次感，利用周围景观带丰富城市肌理。利用现有交错纵横的机动车道和火车轨道将纪念馆打造得更富造型感，加强了建筑与周围其他建筑的联系。布莱顿利尔大街横向穿过地块北部，连接卡格兰市中心的有轨电车横穿地块中部，步行桥、自行车道与机动车道、火车轨道在地块南部交叉。地块内的交通设施对建筑产生很大影响，轻轨电车增强了地块的功能性、通达性、地标性及开放性。商业区附近的电车平台与高于地面5米的步行桥连通，而且高度为19.5米的雨棚覆盖整个环形网络，含步行桥免受雨水影响。

该获奖项目由多个体量组成，每个体量自成一个微系统，即高密度和低密度居住混合区、服务区以及一系列公共绿地。所有办公区采用12米的跨度，高度各异，办公区的屋顶处设置有降噪装置，例如设立广告标语——起到阻碍声音传播的作用。住宅区则以不同体量的建筑模块呈现，内部为50平方米到150平方米的公寓，加之一系列住宅配套设施，如体育场和休息区一应俱全。绿地景观与周围建筑相得益彰，同时体现出可持续的生态理念。

在谈到设计灵感的问题时，依其建筑事务所提到，"建筑师在考虑建造任何一个参考系统时，首先要明确空间质量与人口密度之间的协调性，不能把两者分割开来考虑。充分利用交通线路来规划城市公共空间，贯穿商业区和服务区，住宅区则要考虑到空气、光线以及周边环境、噪声污染等问题。"

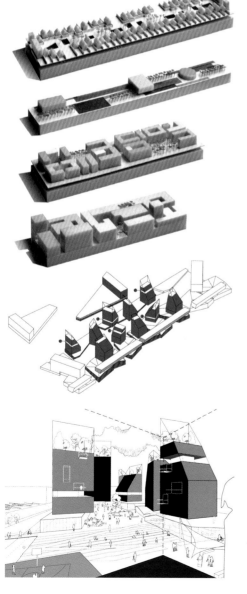

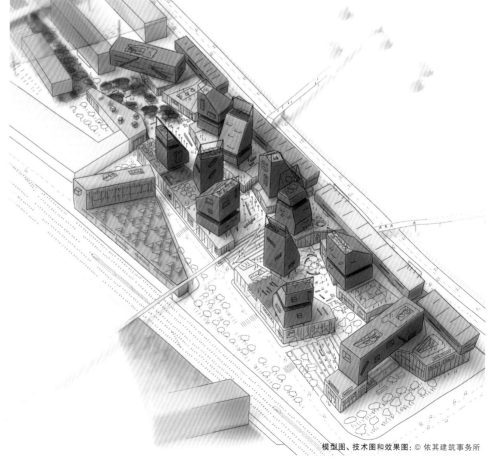

模型图、技术图和效果图© 依其建筑事务所

NEXT建筑事务所赢得中国长沙梅溪湖步行桥国际竞赛

NEXT建筑事务所（NEXT architects）认为：桥梁不仅是连接两岸的纽带，这座步行桥属于新湖区建设中龙王港河地区主要工程，也是集休闲、旅游和生态意义为一体的河岸公园公共空间开发重中之重。"桥梁交叉部分的设计灵感来自莫比乌斯之环"，迈克尔·施耐马科斯说。"在此基础上进一步融合中国传统民间艺术中国结的造型"，约翰·凡·德·沃特补充道。

桥身跨度为150米，高度为24米，桥上各线路的高度各异，地标式的外观展现出周围地区的发展特色，亮化工程遍布全桥。人们在桥上通过时可以观赏到龙王港河和梅溪湖的美景，甚至可以眺望到长沙周遭的层层山峦。

此竞赛作品由NEXT建筑事务所的建筑师巴特·鲁索，梅耶·申克，迈克尔·施耐马科斯，约翰·凡·德·沃特以及中方建筑师蒋晓飞共同设计完成。

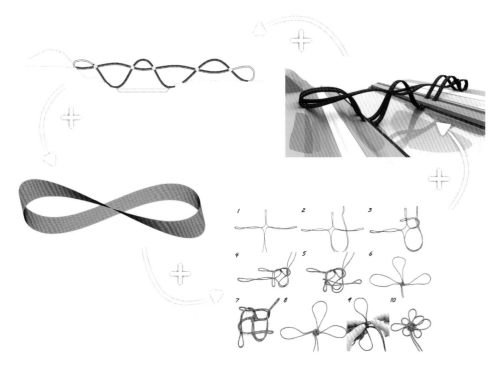

概念图（上）和效果图（下）：© NEXT建筑事务所

美国肯特州立大学建筑与环境设计学院竞赛设计

斯丹利·科利尔（Stanley Collyer）/ 撰文

为建筑学专业迈出前进的一步
A Step Up for an Architecture Program

服务于学生的需要是一件重要的事情。为建筑学专业的介绍上填上设计优秀的硬件设施这一内容肯定会为任何一家教育机构带来国际性的关注。在雷姆·库哈斯赢得学生中心竞赛之前，位于芝加哥的伊利诺伊工学院一直默默无名。当建筑完工时，建筑专业的招生人数从300人增加到900人！作为一所州立大学，肯特州立大学不会想象一下增加如此多的生源，因为近期为了他们的建筑专业设计新大楼而举办的竞赛有着一定的空间局限性。然而，作为一项副产品，规划项目在克利夫兰都市区附近，肯特州立大学建筑学专业的教学宗旨是——至少让设计能够解决一些都市问题——这在克利夫兰市并不少见。克利夫兰都市设计合作组织（简称CUDC，是一个由肯特州立大学研究所建立的联合设计组织，主要服务于建筑与环境设计学院的公共服务活动）为这种关联性的建立做出了他们的贡献。组织最主要的活动之一是承办克利夫兰设计竞赛，关注的主要项目非常具有多样性，例如学校、轨道连接和桥梁等项目。因此，在这种背景下，建筑与环境设计学院的新建筑竞赛考虑被举办了起来。

参与竞赛的第一步需要参与者以重视的心态递交初步意向书。37家公司向客户投递了设计方案，这其中进入第二轮的共有8个公司。这些公司是：

* 比尔斯基+合作建筑事务有限责任公司I 建筑研究工作室（ARO）

* 波林·奇文斯基·杰克逊I索尔·哈里斯/日间建筑公司

* KZF设计公司与梦菲西斯建筑公司

* NBBJ俄亥俄州哥伦比亚工作室

* 理查德·L·博文+联合设计公司I魏斯/曼菲蒂建筑事务所

* 合作建筑事务所有限公司I米勒·赫尔合作建筑事务所

* 韦斯特莱克·里德·莱什科斯基建筑事务有限责任公司

* WTW建筑事务所与奥弗兰合作建设事务所

2012年11月19日，大学的选拔委员会再次从候选者中选择出4个最终入围者，他们将收到一笔奖金参与最后的竞赛角逐：

* 比尔斯基+合作建筑事务有限责任公司在纽约和克利夫兰的办公室，以及纽约的建筑研究工作室（ARO）

* 克利夫兰的理查德·L·博文+联合设计公司，以及纽约的魏斯/曼菲蒂合作建筑事务所

* 俄亥俄州托莱多市的合作建筑事务所有限公司，以及西雅图的米勒·赫尔合作建筑事务所

* 韦斯特莱克·里德·莱什科斯基建筑事务有限责任公司位于克利夫兰的工作室以及公司位于其他四个城市的工作室

值得注意的是，名单上仅有一家来自俄亥俄州的设计公司，它要对抗两家位于纽约的公司——魏斯/曼菲蒂合作建筑事务所和建筑研究工作室（ARO）以及一家来自西雅图的米勒·赫尔合作建筑事务所。此外，许多"明星"建筑师并没有获选。这对于一个富有经验的业主来说并不是一个常见的策略，因为他们可能常常会怀疑本应是"第二名"的团队最终获得竞赛的胜利——尽管我们对于本次竞赛的最终决定并没有任何暗示涵盖了以上的考虑因素。

今年来与学校相关的建筑设计大量地依靠广大和开放的空间，以便能容纳下所有年级的教室和工作室——最显著的例子是佛罗里达国际大学（由伯纳德·屈米设计）和俄亥俄州立大学（由马克·斯科金·美林·埃兰建筑事务所设计）。相关专业的教职员工表示这样的安排模式带动了指导教师之间的互动。在本次竞赛之中，最终的四名入选者针对此次设计挑战提出了不同的方法。其中三名入选者的方案依据了经过验证的"街头式"方案（以三种不同的形式），一名入选者选择了一种更为分散的布局方案。最后，魏斯/曼菲蒂合作建筑事务所和理查德·L·博文团队崭露头角，赢得了委员会的认可。

本页图: 肯特州立大学的设计阁楼实现了不同学科之间的内部整合,使校园内的各部门组成了一个新的设计团体。宽敞的工作区位于具有开阔视野和灵活特性的中心区域。设计师打造出具有创造力和学习氛围的空间,既是建筑典范又是教育工具,在形成场地和功能、建筑与景观融合的同时,为大学和城市提供了一种新型可持续发展模式。位于公共层的大型画廊面朝校外的新景观路,该画廊空间被设计

为蜿蜒向上的姿态,每层相互连接以支持不同功能区,如咖啡厅、展区和灵活的活动空间、阅览室及图书馆。宽阔的楼梯将首层公共空间与大学中心区相连。研究实验室、教室和办公室紧临工作室的创意中心。整个工作室视野宽广,为学生带来创作灵感。工作室北面窗户为室内带来充足的间接光照,和具有活力的四楼泰勒厅一样,人们的视线可远高过树冠并俯瞰周围的校园和城市。

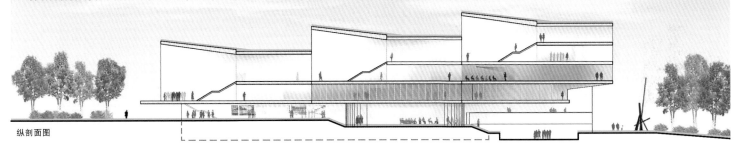

纵剖面图

The Winning Design

优胜奖

"设计阁楼"

马里昂·魏斯和迈克尔·曼菲蒂
Marion Weiss and Michael Manfredi

"设计阁楼"是由马里昂·魏斯和迈克尔·曼菲蒂设计的一个分层式的建筑方案,在建筑北面,通过一段连续的台阶将所有楼层的工作室和区域连接起来。这个设计被解读为蓬皮杜艺术中心公开性的变体升级式设计,连接系统由建筑外部的自动扶梯构成。评论家评论此方案为一个"垂直的校园四方

院子,建筑内的空间互相交织着融入在校园内。"他们开放式的板块设计理念目的是鼓励在不同年级之间能够有更多的交流。考虑到学校现在位于不同的三个地点,具有更好的交流性是必须的,这样的开放板块系统将促进人们之间的对话。

由于位于学校的边缘,并且作为大学与城市之间的连接纽带,这座建筑可以作为校园内的一座重要的欢迎性的标志建筑。在这方面,这个方案的设计明显胜过其他竞赛者的方案。透明性是这个方案最宝贵的资产之一,这向参观者暗示着——校园是一个开放性的供交流与

文化传播的地方。一个开放式图书馆或者资料区域的存在或许会引起一些问题,即使是附带一个隔离的阅读区域。这样的设施,即使是在学校的建筑学院,正常情况下都是被隐蔽地设置在建筑之内,通常是在顶楼(例如俄亥俄州立大学和新墨西哥州大学)。学生有时需要的是一个可以思考的"岛屿",远离喧嚣的校园环境。此外,许多图书必须被保存在某个地方,有人会对如何保存图书产生疑问。

照片、效果图和图纸: © WEISS/MANFREDI, Richard L. Bowen & Associates

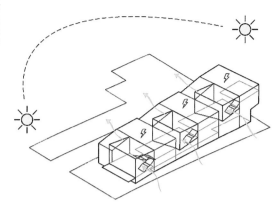

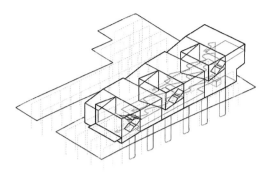

场地设计：作为大学和城市中可持续性设计的范例，设计阁楼诠释了在我们的社区和我们的世界未来可持续性发展的过程中，建筑和环境设计所扮演的重要角色。该设计展示出可持续性概念的综合应用，最大限度的提高被动式策略比例，如采光和自然通风、建筑和景观系统采用高效的设计策略、最大限度的使用当地和再生材料以及可持续性维护和运营。

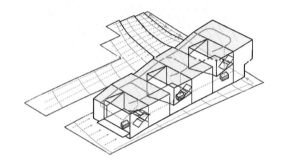

通过被动策略最大限度减少能源消耗：

* 日光采集
* 高性能建筑表皮　表皮遮光设施
* 自然通风
* 辐射采暖/室内遮光控制

高效使用能源和使用当地可再生材料

* 被动通风系统
* 地源热泵
* 高效能的空调系统和照明控制
* 当地可再生能源（光伏电池板）

场地、景观、水和材料

* 原生植物/物种
* 透水路面
* 绿色屋顶
* 高效能的排水管道系统
* 雨水收集和再利用
* "生活机器"水过滤系统
* 可循环利用的当地材料和低逸散性材料

总平面图

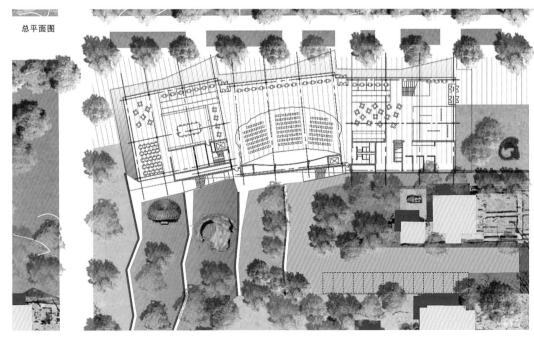

场地设计

在建筑和景观设计、建筑系统和持续利用模式中融入可持续性发展的概念。

西南鸟瞰图
梯田景观和屋顶绿洲可更加直观地凸显高低有致的建筑形态。

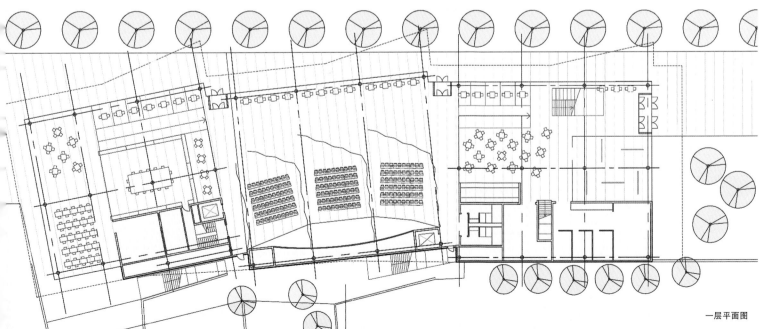

一层平面图

总平面图

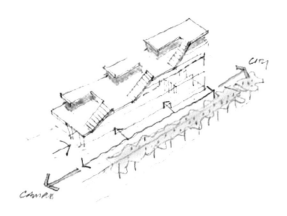

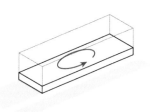

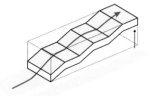

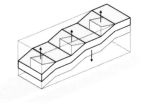

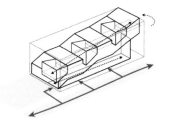

不分隔楼面　　　　　　　　开放式梯度　　　　　　　　天井和北面采光　　　　　　　公共空间衔接

肯特州立大学设计阁楼： 设计的主要理念在于打造新型的连接空间，通过室内的多样化空间布局将各年级的师生以及其他职能部门的工作人员连接起来，并将学校先前处于分散状态的功能区融合在一起。贯通的工作区是该项目的核心设计区域。开放式办公环境不仅以最大限度的灵活性适应不断增长的研究需求，且配合建筑与设计教学中不断演变的学习模式。

从林肯大街望去，工作室的分层设计形成了新的建筑体量，并与其相邻建筑的办公和住宅部分相连接。梯状的建筑北立面如同

宽阔的露天剧场，将不同的工作室空间连接在一起，为随机讨论营造社交氛围。工作室内狭长的天窗为室内中心区域带来自然光照，同时提高自然通风效果。该建筑高效的造型设计使得采光效果最大化，并最大限度地减少整个项目的能源使用，连接不同工作室的防火楼梯位于建筑的北立面。

位于校园和城市中心的设计阁楼地点选择巧妙，该处是连接着大学和肯特社区的中心区域。125000平方英尺的建筑是建筑设计学的创新中心，也是一座囊括艺术创新和研究项目建筑典范。

与环境融合：新建筑的体量和所使用的材料与校园和周边社区相似。面向校园和城市的北立面由能够带来漫射光效果的双层高窗组成。南部、东部和西部的外立面由一系列带有百叶窗的幕墙组成，百叶窗通过不断变化的角度来提供阴凉。开启式窗户和屋顶通风口将室内整体通风效果最大化。设有木质网格的建筑南立面向下延伸至住宅区，并使之与户外工作空间分离开来。绿色屋顶种满了不同的绿色植物，并且这片平坦空地一直延伸至建筑北面，南面一系列不规则景观将新建筑与周围景观连接起来。

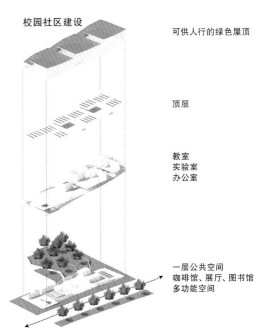

校园社区建设

可供人行的绿色屋顶

顶层

教室
实验室
办公室

一层公共空间
咖啡馆、展厅、图书馆
多功能空间

南墙

北墙

与周围环境融合
所使用的新材料与校园和城市内部景观、住宅区和办公区风格相近。

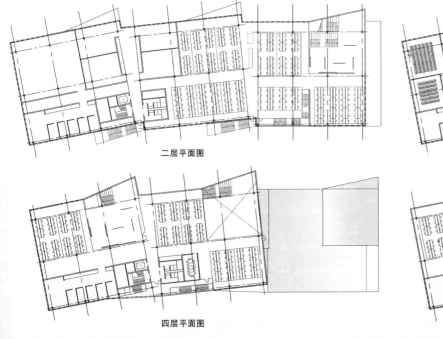

二层平面图

四层平面图

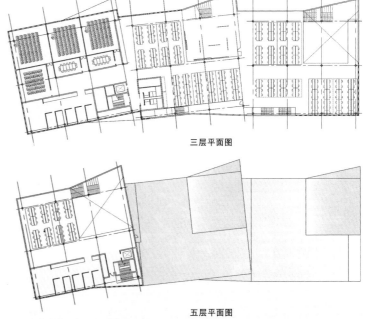

三层平面图

五层平面图

沿街公共地块

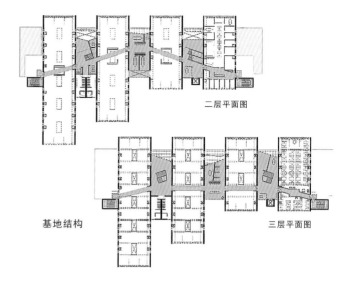

二层平面图

基地结构

三层平面图

Finalist

入围奖

俄亥俄州托莱多市合作建筑事务所有限公司、西雅图米勒·赫尔合作建筑事务所

The Collaborative Inc., Miller Hull Partnership

由俄亥俄州托莱多市的合作建筑事务所有限公司，以及西雅图的米勒·赫尔合作建筑事务所设计的方案选择将大部分工作室设在四个提升的空旷空间中，空间之间由一条漫步街道连接，此街道可称得上建筑的"结缔组织"。大部分支撑体系坐落在底层，例如阶梯教室等。四个提升空间悬于支撑结构之上，作为一座校园内欢迎性的标志性建筑，这样的设计必将吸引

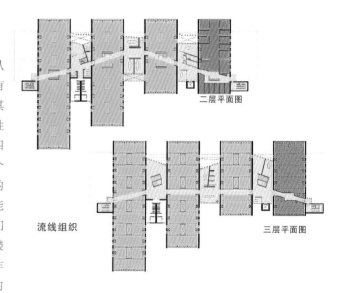

二层平面图

流线组织

三层平面图

大量的目光。这种空间安排使结构从建筑前方和后方看去都能产生同样有趣的门廊风景，因而此方案胜过了其他竞赛者的方案。这四个空间象征性的，同样写实地暗示着大学要经历四年课程，每学年的课程被设置在一个单独的区域内。这个方案与街头文化的关系是它最强有力的特色之一，也可能是让它成为最接近优胜项目原因。我们假设这个团队将所有工作室设置在二楼和三楼，尽管楼层平面图没有显示工作室位于三楼。此外，剖面图没有更多的显示出课程的分布情况。因此细节上的欠缺对此方案产生了一些负面效果。

照片、效果图和图纸：© The Collaborative Inc., Miller Hull Partnership

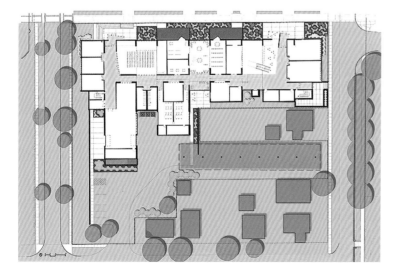

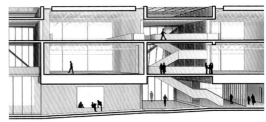

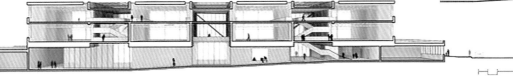

Finalist

入围奖

纽约建筑研究工作室（ARO）、比尔斯基+合作建筑事务所

Architecture Research Office (ARO) and Bialosky + Partners

纽约的建筑研究工作室（ARO）以及比尔斯基+合作建筑事务所构想了一个预制混凝土立面的高品质建筑，建筑内设置了一个具有适应性的鳍状系统，用来将阳光过滤到建筑内。这个方案强调的是在材质方面略胜一筹的透明性——尽管这让建筑在夜间会产生发光效应。这种结构比其他的入围方案更能体现场地的三角形态，其中，同样由一段台阶作为连接元素——将不同的楼层连接。室内公共区域分布、配置在两层楼里，这与俄亥俄州的辛辛那提大学的规划学院大楼有许多共同之处，这些区域将是学生和教师汇聚的场所。在空间组织方面，工作室位于顶端的两层，在角落处配有三个用于讨论的附属区域。一块开放的场地通向顶端两层，是专门用于会面和交流的场所，如果你有问题需要解答，在这里你可能会碰见这位刚好在这里路过的老师。这是一个设想周到的方案，尽管在空间组织上有一些区别，但是从外表上看它给人的印象与俄亥俄州立大学的新建筑学院有很多共同点。显然，评委会想要一些不同的东西，他们期待的是一个能引起轰动，可以作为校园标志性建筑的方案。

照片、效果图和图纸：© Architecture Research Office（ARO）and Bialosky + Partners

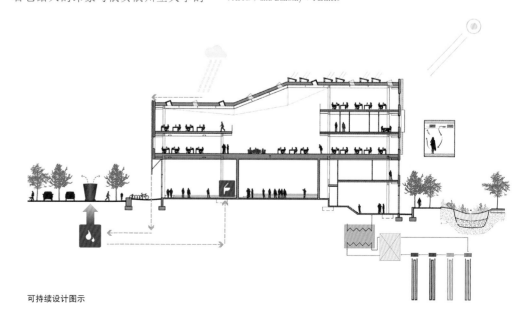

可持续设计图示

美国肯特州立大学建筑与环境设计学院竞赛设计 入围奖

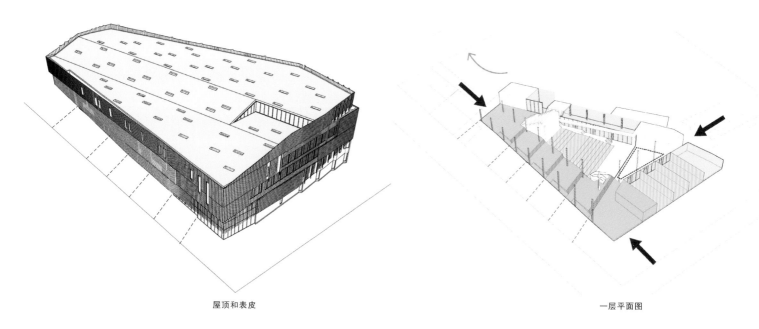

屋顶和表皮   一层平面图

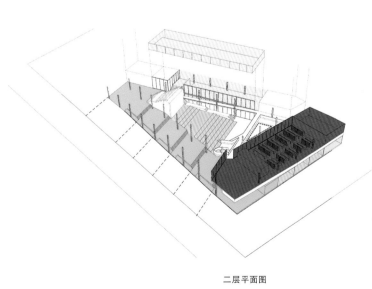

二层平面图

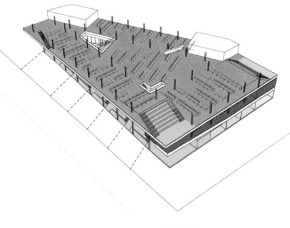

三层平面图

Finalist

入围奖

韦斯特莱克·里德·莱什科斯基建筑事务所

Westlake Reed Leskosky

在这个竞赛项目的设计上，韦斯特莱克·里德·莱什科斯基建筑事务所的方案将大量的玻璃和充满质感的石材组合在一起。外立面的设计部分是基于邻近建筑的细节情境研究，此外，尽管采用了大量的开窗设计，但设计结果显然要低调一些。

除了展现它的可持续性，人们一定会问一个问题：建筑本身是好的，那么这个建筑要传达给旁观者什么信息呢？对于一些人来说，这个设计是非常商业化的，只有考虑到它位于校园内这个因素才能被视为是一个教育性的设施。从声望角度考虑，这个建筑确实有着它的优点，特别体现在空间的前入口和它宽敞的中庭上。景观的设计具有很高的品质，一定程度上，这样的设计是在大多数教育机构中很少见的。最后，方案的表现细节是特别突出的，并远远超越了一个中型设计公司能达到的程度。在具象方面，方案设计竭尽全力，毫无疑问这样的设计几乎没给评委会留下疑问。

照片、效果图和图纸：© Westlake Reed Leskosky

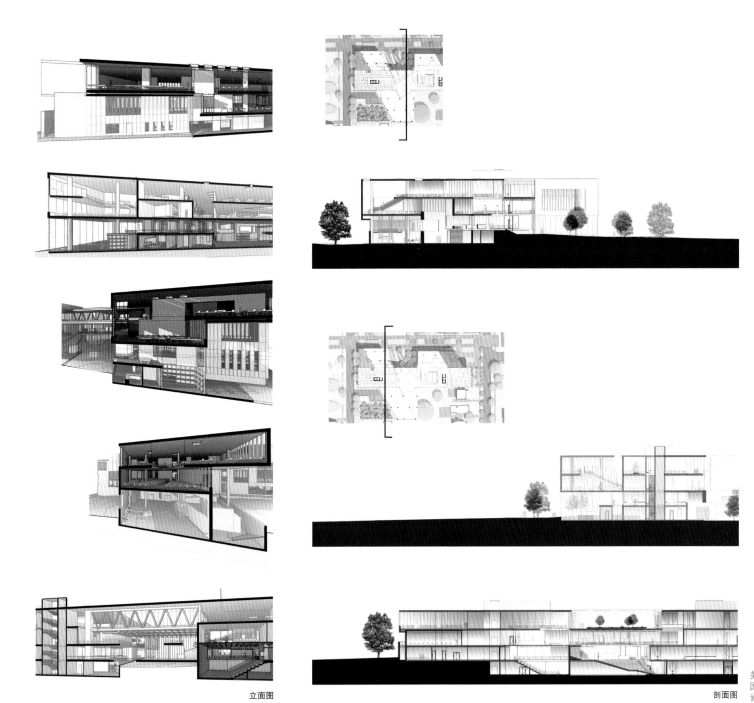

立面图   剖面图

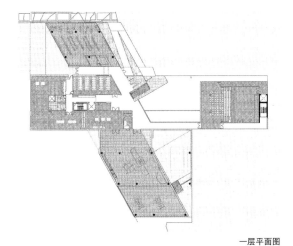

一层平面图

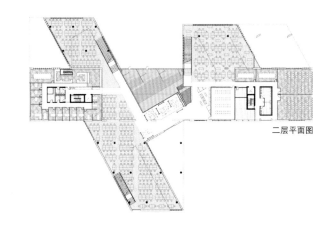

二层平面图

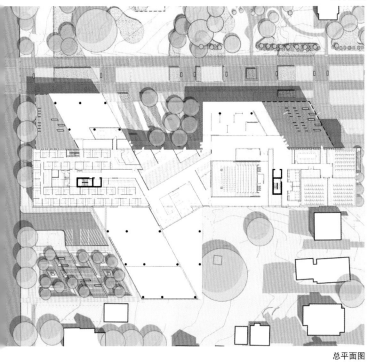

总平面图

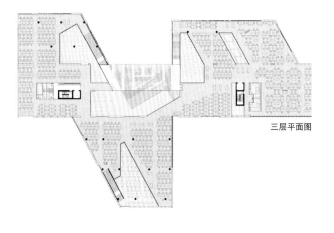

三层平面图

内罗毕阿尔杰米大学校园设计竞赛

保罗·施普赖雷根（*Paul Spreiregen*）/ 撰文

创造经典穆斯林学习体验
Designing for a Moslem Learning Experience

> 比赛赞助商

达乌迪博赫拉，穆斯林法蒂米德和什叶派下的一个宗派，既是本次竞赛的委托方也是赞助商。"博赫拉"衍生自表示商人的词汇，也充分体现了该穆斯林分支的起源。

"法蒂米德"取自穆罕穆德女儿的名字"法蒂玛"，是穆斯林什叶派发源的地方。博赫拉派起源自也门和埃及，由于其与逊尼派和什叶派的冲突，后迁移至印度。博赫拉的中心是印度的孟买，共有约100万信徒分布在世界各地。博赫拉大学选址在苏拉特城北部，著名的阿尔杰米穆斯林学院也坐落在这里。

博赫拉派是一个高度结构化、等级化的宗教和社会团体，其信徒的日常生活都遵照古兰经的要求进行。特别需要注意的是，博赫拉注重社会公益和学习机会。在博赫拉社会中两者密不可分。苏拉特的大学有200年的历史，内容围绕古兰经的研究延伸至西方学者眼中的人文科学、数学和理科课程。孟买和卡拉奇有博赫拉派的主要教学分支，世界其他地区也存在较小规模的分支。博赫拉教育系统有一个在伊斯兰世界十分普遍的特点，即要求学生完整背诵古兰经。简而言之，这是一个建立在宗教传统之上，但又重视现代生活的社会体系。正是这样的世界观促成了这次大学校园的设计竞赛。

一名在南加州大学学习建筑的博赫拉信徒，得知内罗毕的新校区建设计划后，认为举办一场设计竞赛是甄选该项目设计师的最佳方式。随后他就此事联系了美国建筑师协会成员，旧金山的比尔·利斯卡姆。比尔·利斯卡姆拥有在加州等地组织设计竞赛的丰富经验。

> 场地

肯尼亚地处东非，横跨赤道，濒临印度洋。在被英国统治了近一个世纪后，最终于1964年取得独立。国土总面积接近22.5万平方英里，总人口4350万，由多民族构成。其中约11.2%，不到5百万人为穆斯林。肯尼亚与阿拉伯裔穆斯林的渊源要追溯到几百年前，由于海上贸易，穆斯林移民开始在肯尼亚东海岸聚集。

首都内罗毕和项目涉及大学所在的经纬度只比麦加偏西3度。内罗毕尽管地处内陆，由于其海拔高于一英里，因而气候温和宜人。大学校园的场地占地43英亩，南临博赫拉住宅区。这一区域由宽敞的私人住宅和多户公寓构成。

> 规划

新大学项目开设的课程与其他博赫拉学校十分相近，主要教授人文科学、理科和数学——当然，这些学科的讲授都围绕古兰经的研究进行。经过历时一年的准备，职业咨询师比尔·利斯卡姆应竞赛主办方的要求对概要进行了改写和精炼。

概要具体描述了对空间设计的要求，以及校园景观元素的相对位置。校园中心区域具有公共聚集和宗教仪式的功能。从这里出发，东西两侧分别是教学区和男女分离的学生宿舍。最东侧是教职员工住宿区。

校园的内部交通系统应与南侧的原有住宅区以及西南方向的运动场相连。整个校园的主要轴线将新校区与原有住宅在南北方向上相连，并通向礼拜区的中心，直接朝向麦加。

入选的四个设计方案从不同角度对这个工程进行了解读。这些不同之处十分具有代表性，也是后期评审团进行评判的基础。专门设定的一系列标准有助于评审工作的进行，也作为竞赛细则的一部分告知参赛者。在参考评判标准的基础上，评审团利用一套评分制度对优胜设计进行了表决。

> 竞赛

本项目以邀请赛的形式进行，通过广泛地邀约出色的设计公司和团队，并在应邀参加的

照片、效果图和图纸：© FXFowle Architects, Frederic Schwartz Architects,
Andropogon Associates, Burhani Design Build, Arup, and Triad Architects

建筑行业是一个全球化的现象。即便有人对此持有怀疑的态度，近期围绕肯尼亚内罗毕的阿尔杰米校园开展的设计竞赛一定会使这种疑虑烟消云散。该竞赛由印度的一个穆斯林团体赞助，美国加州的职业咨询团队进行管理，吸引了来自美国、英国和印度的建筑设计师踊跃参与。

设计团队中层层筛选，最终将参赛单位精简到9个，分成4组上交设计方案。每组成员由多个设计公司构成，分别负责建筑设计、校园规划、景观建筑、场地和建筑管理、可持续性设计和施工等方面。所有小组均由"西方"团队和熟悉当地风俗的博赫拉公司搭配组合，以获得既具备先进的西方设计技术又符合当地民情的设计方案。每个小组有5万美元的奖金用以支付设计费用和相关支出。

四组参赛队伍分别为：
* FX福尔建筑师事务所（FXFowle Architects），弗雷德里克·施瓦兹建筑师事务所（Frederic Schwartz Architects），须芒草联合公司（Andropogon Associates），布尔汉尼设计建造建筑师事务所（Burhani Design-Build, Triad Architects）
* 克里斯多夫·查尔斯·本宁格建筑师事务所（Christopher Charles Benninger Architects），木鲁图萨尔曼联合公司（MruttuSalmann & Associates）
* 约翰·麦卡斯兰建筑师事务所（John McAslan + Partners），FS集团建筑师协会（FS Group Architects）
* 让瓦拉联合公司（Rangwala Associates），莫尔和波里佐德斯建筑师事务所（Moule & Polyzoides Architects）

在设计开始前夕，4组设计团队来到内罗毕的场地进行了实地考察。设计过程中，各个设计团队有两次机会通过网络与主办方进行审查讨论，设计团队可以提出问题并且可以就其整体设计概念获得评价和建议。这一程序对参赛者与主办方都是积极有益的，参赛方能够确认自己的设计在委托人预期范围之内，主办方则能了解他们的想法变成现实方案的过程。这种"概念测试"的运行方式保证最终的设计方案切实可行。尽管专业顾问建议主办方选择独立的外部专业评审团，或者性质相似的独立评审员进行设计评估和终选，主办方最终从自己的员工中选定了20名来自博赫拉社区的代表。但是这些评审员不具备建筑或工程行业的从业背景，由于主办方的坚持，整个过程缺乏外部评审员和专业顾问的参与，在一定程度上为整个竞赛程序蒙上了一层阴影。晋级团队也表达了最终裁定应由专业评审团参与的意愿。

设计完成阶段，4组参赛团队来到孟买，各利用半天时间展出其设计成果。其中FX福尔/施瓦兹/须芒草组合与让瓦拉/莫尔和波里佐德斯组合的方案通过审查。这两个小组进入下一阶段竞赛，并于次日参加2小时的特别审查会议。3天后，竞赛结果公布，FX福尔/施瓦兹/须芒草组合成为最终赢家。他们与主办方签定了建筑工程合同，目前已经处于项目建设中。

西尔维娅·史密斯，美国建筑师协会会员，也是FX福尔建筑师事务所的一名高级合伙人，在项目陈述阶段代表FX福尔/施瓦兹/须芒草团队发言。据她回忆，初审现场约有50人出席。根据当地风俗，现场的女性成员需在屏风后参与评选过程。此外，当地社区也通过活动录像对整个过程加以了解。最后的提问环节超过了预留的40分钟时间，前后共持续了一个多小时。西尔维娅·史密斯对这一环节的印象是社区代表们整体对设计的创意过程表现出关注。初审展示结束后，由3名女性成员领导的FX福尔/施瓦兹/须芒草团队与屏风后的女性参与者进行了交流。这其中有当地的公主，西尔维娅·史密斯认为她起到了很大的积极作用（由于其他小组均由男性组成，这些博赫拉妇女无法与其他参赛队伍接触）。被问到获胜的法宝时，西尔维娅·史密斯解释说，这一部分要归功于她们的辐射式设计概念，也得益于设计中体现的人文价值。她表示，委托方显然想要寻找一个与众不同的设计方案。简单的复制，很多建筑师都能实现，但这是不够的。委托方想要寻找的是一个创造性的解决方案。复审展示后，进入复审的两个团队受邀参观阿尔杰米穆斯林学院。离开时，主办方告知参赛队伍耐心等待评审团的最终决定。一回到纽约，西尔维娅·史密斯就收到一封振奋人心的邮件，通知她的小组获得设计竞赛的最终胜利！

The Winning Design

优胜奖

FX福尔/施瓦兹/须芒草
（纽约/纽约/费城）

FxFowle/Schwartz/Andropogon
(New York/New York/Philadelphia)

与其他三个方案一样，这一设计遵照竞赛对校园主要构成元素的整体要求，但与其他方案相比，又实现了设计的全面性和创造性。例如，方案中设计了两个步行通行系统，分别位于建筑的一楼和三楼。除此之外，设计还包含精致的景观系统，以及各式庭院和通道。建筑的屋顶安装太阳能电池板，充分利用绿色能源。

上图：**教学楼**
对页左上图：**鸟瞰图**
对页右上图：**校园广场**

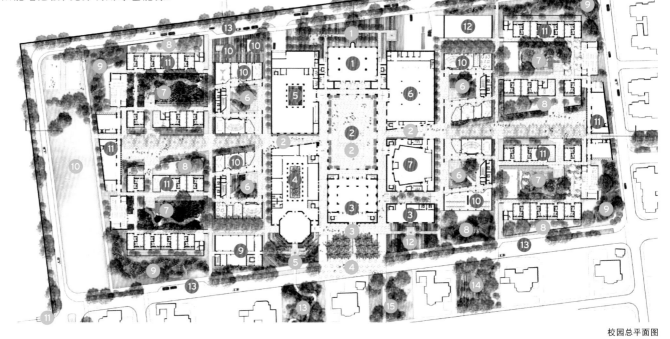

功能区
1-8 宗教区
9-10 教学区
11-13 宿舍区

教学区
1-5 教学区
6 宗教区
7-15 宿舍区

校园总平面图

A–A剖面图

LANDSCAPE
景观

整体概念:

1. 法蒂米设计原理是校园内美丽"花园"景观的设计原理。总平面图描绘出一座丰富多样化的并充满活力的教育园区、复杂立体的景观布局、开放式空间、建筑、交通空间和教学与宗教活动区。

2. 创建一种具有反射性、恢复性和再生性的景观。校园内的花园以一种独特复杂的方式排列布局,设计师在设计中引入了传统设计方式。颜色、图案、形态和功能交织在一起,学生既可以在这里休息,也可以沉浸在平和宁静的气氛中冥想。

3. 促进植被的多样性和改善小气候环境。景观布局与建筑设计遵循同样的设计哲学,它们正在逐步贴近更传统正式的宗教建筑结构。花园、水景、休息区和步行道以错综复杂的布局方式交错在一起,并贯穿整个园区。周围环绕着天然大草原,人们在这里能感受到所有自然气息。

4. 创建能融合建筑和园内基础设施系统的景观设计。将从屋顶收集到的雨水储存起来,雨水花园、洼地和位于石床上的地下储存装置形成了地下水的供给功能,同时废水可被当作一种资源使用。

5. 可持续材料的推广使用。设计师提出区域资源或可持续回收材料具有较长的生命周期,道路、停车区和服务区采用透水性路面设计。

入口/缓冲区/路边花园:

塔赫里公园广场从理论和实践的角度来看都是对该项目广阔性完美诠释,棕榈树庭院入口反复述说着其该项目起点的重要性。

传统庭院:

该项目有七个可进行教学和学习的花园,它们为整体环境注入了很多的附加特性。

1. 中心正统核心区域
2. 美之园
3. 知识之园
4. 恩泽之园
5. 花卉之园
6. 古兰经乐园
7. 生命之园

不规则庭院:

1. 住宅庭院:该项目拥有4个住宅庭院,采用不同的颜色和主题,两个为男性专用,另两个为女性专用。扎赫拉和阿曼那图拉园区为女孩园区,采用象征纯洁的白色主题。莫哈麻地和布哈尼园区为男孩园区,采用象征活力的紫红色主题。相比其他庭院,它们更加隐秘,并与公共空间相连。绿色屋顶、中间空间和前院花园可用于大型集会,也可用沉思的私密空间。

2. 中央公园:中央公园将入口庭院与原有的清真寺连接起来,这样形成了一处可供休闲空间。

3. 植物园是一座专门为当地植物打造的花园,所以当地本土教育课程可以在此处进行。

4. 幼儿园和社区花园是绿色空间的重要延伸部分,由社区进行维护支持。作为法特米哲学的一部分,当地本土植物不仅支持社区基础服务,而且它还有助于社区各个阶层的教育与学习。

5. 绿色住宅和气象站是一处可进行实验和收集环境数据的重要场所。

照片、效果图和图纸: © FXFowle Architects, Frederic Schwartz Architects, Andropogon Associates, Burhani Design Build, Arup, and Triad Architects

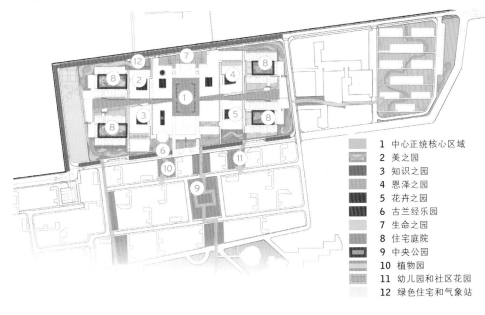

1 中心正统核心区域
2 美之园
3 知识之园
4 恩泽之园
5 花卉之园
6 古兰经乐园
7 生命之园
8 住宅庭院
9 中央公园
10 植物园
11 幼儿园和社区花园
12 绿色住宅和气象站

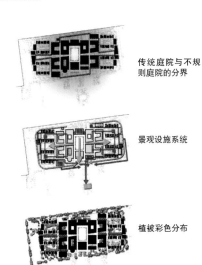

传统庭院与不规则庭院的分界

景观设施系统

植被彩色分布

上图、右图：庭院景观

祈祷、学习、生活：

法蒂米德传统和其宗教、文化、哲学思想与每个人日常生活中无处不在生活活动如祈祷、学习、生活有着千丝万缕的联系。同样，明确界定的活动区域（包括两个花园及其中间连接）、不同建筑方案（宗教区域、教室、宿舍）和交通线路共同交织在一起并穿插在周围的景观里。

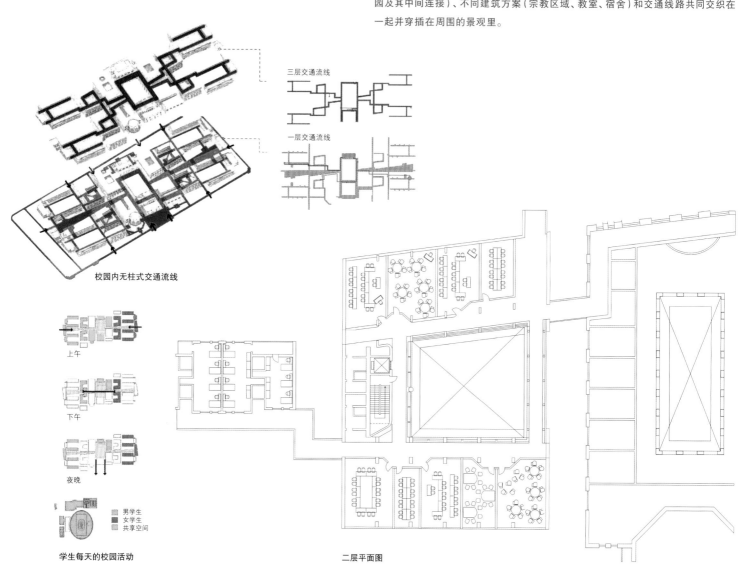

三层交通流线

一层交通流线

校园内无柱式交通流线

上午

下午

夜晚

■ 男学生
■ 女学生
■ 共享空间

学生每天的校园活动

二层平面图

上图: 学习庭院
右上图: 男生庭院
右中图: 教室

穆斯林学院:

与小型开放式庭院相连接的走廊从东至西蜿蜒而过,自然、均匀的阳光遍布所有学习空间,这里不需要任何机械照明系统,也几乎不需要人工照明装置。整体空间结构遵循可持续设计原则,最大限度地降低能源消耗以便降低成本并扩大收益,无柱式空间设计可为今后的多种形式的结构配置和空间布局提供灵活的空间构架,同时营造出能够提高学习质量和提升整体幸福感的学习环境。

首层以大型公共教室为主。二层是教师办公空间,三层是小型教室和会议室,这种布局可促进师生之间的交流和沟通。另外,将三层休息室布局在小型教室和会议室附近营造出一种寓教于乐的氛围,休息室不仅可供师生课间放松休息,而且能为学生提供便于交流沟通的社交空间。

设计、材料与技术:

在结构上,这座穆斯林学院兼具宗教建筑和现代建筑的建筑特色。外墙和室内拱形图饰浸染在相同的光线和色彩中,每座主体建筑结构石基都采用当地内罗毕石材和独特的法蒂米"拱形"建造而成。

当你沿着建筑东西方向行走,会发现对面建筑外墙都采用玻璃材质建造而成——利用实心板材和多孔玻璃连接以石料为主的宗教教学核心区和结构多样化休息室。南北外墙上压花玻璃的使用进一步突显了连接性这一设计理念——通过更加现代化的外墙材料来打造出更多的学习空间。

1 教室
2 学生休息室
3 小型会议室
4 办公室
5 观景区
6 交流区
7 服务区

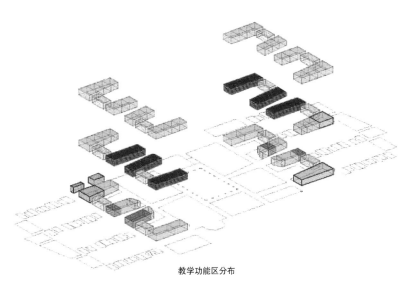

教学功能区分布

Runnerup

二等奖

让瓦拉/莫尔和波里佐德斯
（圣路易斯/洛杉矶）

Rangwala/Moule-Polyzoides
(St. Louis/Los Angeles)

这个设计方案的精妙性与获胜方案几乎不相上下。其突出特点是对开放空间和建筑安排的艺术性。开放空间——流畅的走廊和公共空间，街道、广场、宁静的花园——在尊重当地传统的基础上具备极大的可操作性。设计师们如是说……

"我们的设计围绕留白空间的中心点展开，实现建筑之间公共空间和建筑位置的巧妙安排。"

照片、效果图和图纸：© Rangwala Associates/
Moule & Polyzoides, Architects and Urbanists

环境与功能：

内罗毕阿尔杰米大学以伊斯兰教教义为办学与教学宗旨，阿尔杰米大学是世界三大波拉派大学之一，波拉派则为伊斯兰教教系之一。校园周围为清真寺、议会厅、餐厅及图书馆，大门极具伊斯兰教特色。教学区和宿舍区根据性别划分并位于校园广场两侧，教学区与宿舍区相距较近，便于学生往返。其他设施包括古兰经学习区、礼堂、健康中心和多种体育设施。

场地内坐落着大小不一、各具特色的四方庭院和圆形庭院。学生在庭院内抬头便可见湛蓝的天空，环顾四周可见栽种在庭院周边的多种珍稀植被和集聚潺潺流水的池塘。选取庭院周边植被及配套景观元素是依据波拉派教义的详细规定。校园内的建筑风格源于传统波拉派建筑风格，开罗、非洲及东南亚等地也有此种风格的建筑。

南北剖面图

南北剖面图

0 8 16m

0 8 16m

南立面图

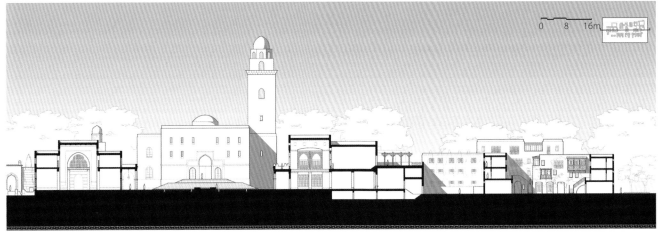

0 8 16m

东西剖面图

0 8 16m

南立面图（西区）

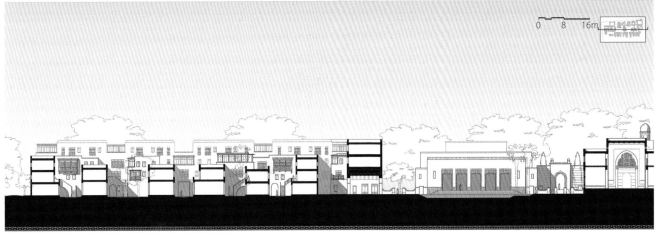

0 8 16m

东西剖面图（西区）

鸟瞰图

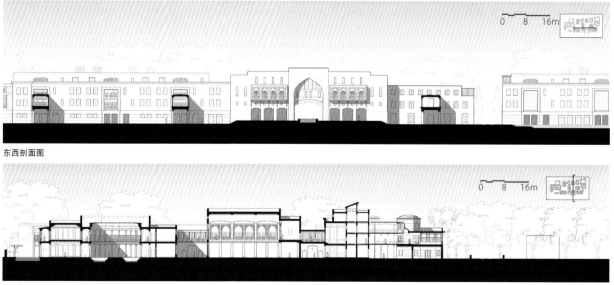

室内

东西剖面图

南北剖面图

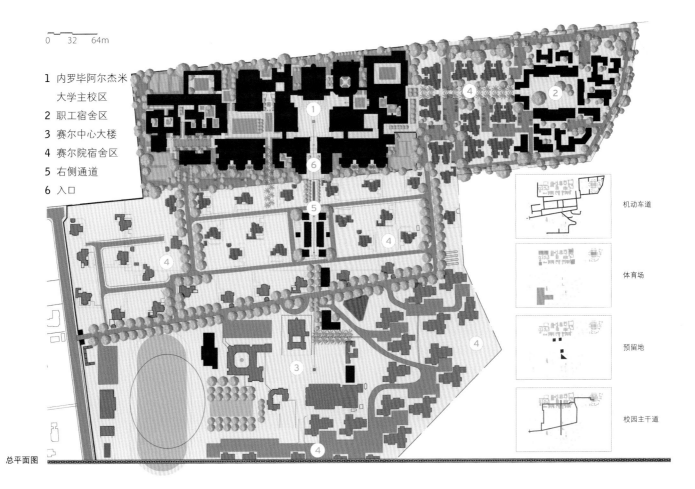

0 32 64m

1 内罗毕阿尔杰米
  大学主校区
2 职工宿舍区
3 赛尔中心大楼
4 赛尔院宿舍区
5 右侧通道
6 入口

机动车道

体育场

预留地

校园主干道

总平面图

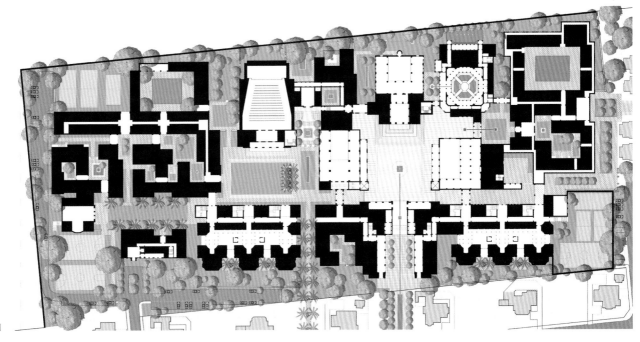

校园平面图

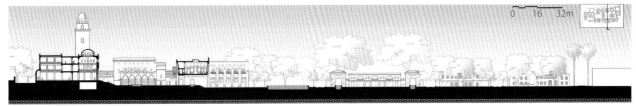

右侧通道剖面图

0 16 32m

Finalist

入围奖

本宁格/木鲁图萨尔曼
（孟买/内罗毕）

Benninger/Mruttu Salman
(Mumbai/Nairobi)

这个方案同样针对公共空间和建筑设计提供了完善的解决方案。设计极力打造的通行体验可以为行人带来重重惊喜。这一颇具现代风范的设计方案体现了伊斯坦布尔的市场、宗教学校等阿拉伯式建筑的传统模式。

在这个方案中，整个校园都采用狭长而优雅的拱形屋顶设计。考虑到其灵活多变的特点，设计师选择这一系统以改变拱形朝向。这是一个十分巧妙的设计。与许多刻板的模块结构系统不同，这一系统在保证恰当的空间私密性的前提下，保持校园的整体结构一致性。

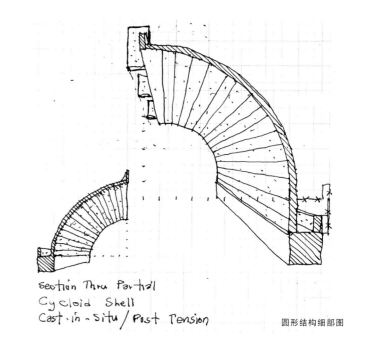

Section Thru Partial
Cycloid Shell
Cast-in-Situ/Post Tension

照片、效果图和图纸：© Benninger/Mruttu Salman

圆形结构细部图

学习庭院

宗教庭院

内罗毕阿尔杰米大学校园设计竞赛　入围奖

教学楼西南景

教学楼西北景

古兰经乐园

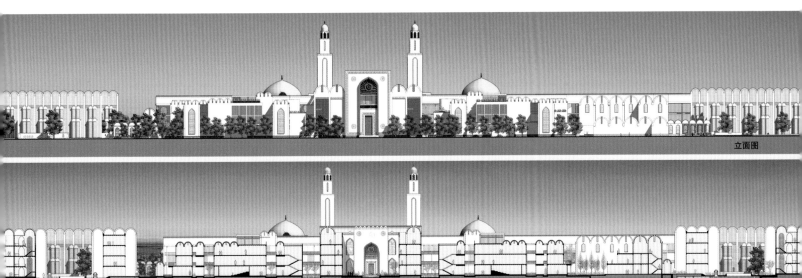

立面图

立面图

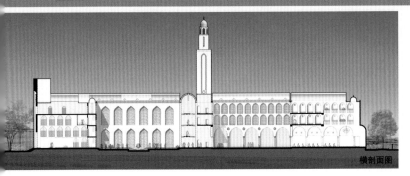

横剖面图

1 管理大楼	4 礼堂	7 男生教学区
2 广场	5 招待所	8 女生教学区
3 宗教区	6 男生宿舍	9 女生宿舍

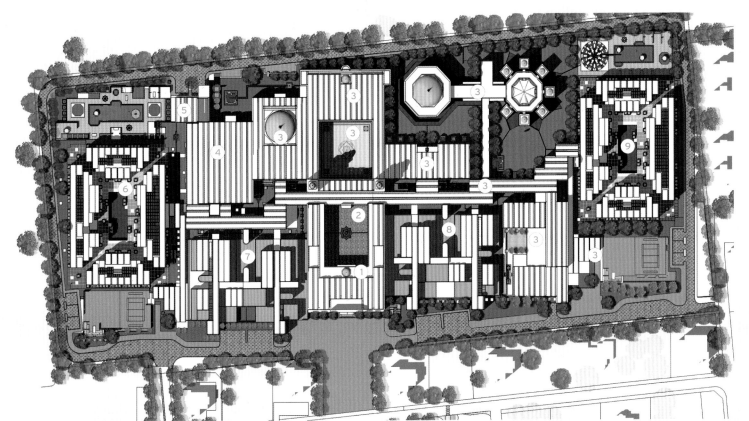

总平面图

N

内罗毕阿尔杰米大学校园设计竞赛　入围奖

Finalist

入围奖

麦卡斯兰/FS集团

（伦敦/休斯顿）

McAslan/F S Group

(London/Houston)

  与其他三个设计相比,这个方案对空间和结构,广场和通道,以及构成这些空间的楼体进行了最清晰直接的布局规划。同时它也是最先进,甚至最具有开创精神的一个方案,因为其中提出了兼具现代化装饰性和功能性的系统,包括传统阿拉伯建筑风格的镂空屏风。这一细节在控制光线的同时,也为妇女提供了足够的隐秘保护,方便她们在避开其他人视线的前提下,到窗口处观察街道上的情况。

  这组设计以校园主要公共空间和礼拜堂为中心,以辐射的形式延伸出中央校区,并在方案中将这一理念清楚地表现出来。方案的整体清晰性适合校园的特点和它的学习功能,在视觉以及象征意义上将大学多层次的课程设置整合为目的明确的统一体。

照片、效果图和图纸：© McAslan/F S Group

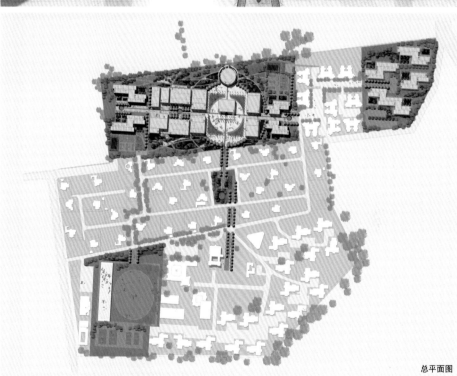

总平面图

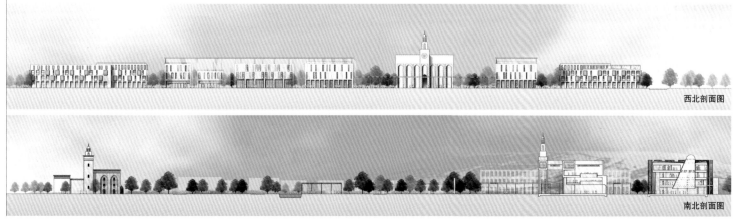

西北剖面图

南北剖面图

赫尔辛基图书馆竞赛

威廉·摩根（*William Morgan*）/ 撰文

在赫尔辛基中央广场搭建最后一栋建筑
A Final Building Block for Helsinki's Central Plaza

本次竞赛旨在庆祝芬兰独立百年，因为2017年是芬兰独立于俄罗斯的第一百年。

竞赛的设计主题并不是贸易中心、常规的会堂、竞技场或者战争纪念碑，而是一个图书馆，因为图书馆可以集中体现芬兰——这个小却充满着活力的北欧国家的文化。更妙的是，这个注重建筑的国家决定通过一次开放性的竞赛来选择新图书馆的设计师与其优秀的设计。

"这并不令人惊讶"，独立不久且资源贫乏的芬兰认为：教育和文化——由图书馆代表——是国家建筑的核心。另外，建筑对于建立芬兰人民的身份认同感起到了关键作用；在革命之前的岁月，采用特别的建筑风格就好比用精神武器来对抗俄罗斯的统治。从沙皇统治下挣脱之后不久，阿尔瓦·阿尔托的维堡图书馆宣布芬兰接受现代主义。

图书馆在20世纪的芬兰社会起到了重要的作用，类似于教堂在早期的作用。如今，芬兰全国的图书馆都作为提供全方位服务的社区活动中心而存在着。因此，预计赫尔辛基的新城市图书馆将成为在建筑与政治方面具有重要性的主要建筑。它的建筑地理位置显著，位于芬兰首都的中心位置，背靠议会，挨着斯蒂文·霍尔的现代艺术博物馆，与伊利尔·沙里宁地标火车站和阿尔托的芬兰大厦临近。

在芬兰，所有的公共建筑都是由竞赛作品选出的，赫尔辛基图书馆也不例外。因此，芬兰人在竞赛设计方面非常出色，每一个人，无论是奋斗拼搏、努力飞跃的学生，还是如阿尔托一样已经功成名就的大师，都要经历竞赛的严酷考验。自从当代艺术博物馆的竞赛在争议中对非芬兰设计师开放，且由霍尔获胜之后，外国设计师也渐渐地开始为该国的建筑提供更宽泛的选择（最近在曼塔的塞尔拉基斯博物馆竞赛吸引了来自41个国家的579名参赛者，来自巴塞罗那的MX_SI建筑事务所获得了胜利）。至于赫尔辛基图书馆的竞赛，有544条参赛信息，尽管评审团报告中并没有列出非获胜参与者的名字和国家来源信息。但是可以确定的一点是，许多芬兰公司参加了竞赛，其余的则来自欧洲和一小部分其他国家（美国有两家公司获得了荣誉奖）。但是赫尔辛基的现代主义艺术家米科·哈基宁提示到："超级明星是几乎不参加竞赛的，他们没有必要，他们有更好的事情要去做。"

这个开放的竞赛共分为两个阶段，并采用芬兰语和英语进行，由赫尔辛基市政府资助。奖金为25000至50000欧元，而实际上，奖金的魅力要低于在如此重要的城市中心位置建造一座优秀建造的吸引力。入选的条件是必须有一名技术专家，而且必须在10年内至少已建成一座大于5000平方米的公共建筑的经验。样板设计的要求应为："高质量且持久的方案，能与城市景观相融合"，同时要"具有生态性以及技术上和经济上的可行性。"

由副市长主持的十人评审团，包括图书馆馆长、市政部门主管（不动产和规划部门）以及教育部和文化部的代表。芬兰建筑联合会由维莎·奥伊瓦、赫尔辛基大学图书馆设计师以及当代著名设计师盖普·帕维利恩作为代表。挪威斯诺赫塔建筑事务所的总监谢迪尔·托森作为"国际专家"。在民主方面，公众被邀请考核五个最终方案并进行投票；一个在全市都能被触屏的网站被专门设立用来投票。最后，通过评审团全体的一致评判，评选出排在西班牙参赛者设计的项目"对角线集市"之后的最后一个入选者。

在六个最终入选的项目中，有四个是芬兰人的设计，这并不奇怪；芬兰设计师无疑会占据参选者的一大部分，或许有人会说，本国的参赛者在对于气候和时代思潮的了解方面更有优势。一位十分了解竞赛的著名的赫尔辛基建筑师提到，许多参赛者似乎并不理解芬兰图书馆是作为一个机构存在的习俗，"也许芬兰的参赛者通过他们的知识和贯彻

于他们教育和日常生活中经验会更有优势。"他也建议到,对于选址地的了解对于一个建筑是至关重要的,这将会在最开始就"造成本土与国外工作室的不同"。

更值得注意的是,竞赛抹去了在芬兰建筑界数十年的断层线,这条断层线产生于理性主义与由奥利斯·布隆斯泰特倡导的形式主义之间,在早期阿尔托提倡的"国际风格"和晚期阿尔托的"自由形式"的博弈中被放大,在瑞伊玛和拉里彭倍加的作品中尤为明显(他们本身同为坦佩雷图书馆的作者)。

在评选的第一阶段,仅有一少部分参赛者提交了密斯建筑式的玻璃盒子建筑方案。一些作品被认为是向阿尔托精神的致敬,甚至有一个设计是一座融入了萨伏伊别墅和昌迪加尔别墅特色的柯布西耶式图书馆。一个称作"纸张"的设计作品,是由波浪起伏的遮阳棚包裹的玻璃建筑,看上去仿佛是一本巨大的书。当然,竞赛反映了欧洲的设计趋势:许多作品采用了木材,并没有采用太多的色彩,丰富的网格墙面处理;以"团状和褶皱"的形式居多,很少采用直线。赫尔佐格和德梅隆建筑事务所的风格是建筑师最爱模仿的。梅卡诺事务所设计的伯明翰图书馆也有一些模仿者。

有30个设计作品可以确定有机会进入上等级别,其余被列入中等或者不幸运地被标为低等级别。因为除了最后的入选者其余参赛者的信息是不被公开的,评审团的评判经常是没那么犀利的。评判的目的是为赫尔辛基市政府找到可以称得上是"150年解决方案"的最佳作品。两家美国公司获得了荣誉奖,分别是莫妮卡·德·利昂和一家位于弗吉尼亚州夏洛兹维尔的小公司库托尼奥图克。

亨宁·拉森事务所(曾为约恩·乌松工作,著名的竞赛类设计师并多次获奖)进入了评选的第二阶段,也是最后入选名单中的一员,但是凭借"赫尔辛基的心跳"这个作品获得了荣誉奖。拉森的设计作品有着长而波澜起伏的外立面,这种外立面由优质的木质屏风组成,建筑师诗意地称其为"薄层"。除了没有获得奖金,这个设计品可以说是一个出色的竞赛作品。

在最后的入选名单中,另一个非芬兰籍的竞赛者是一个由6个来自西班牙的年轻设计师组成的团体,他们集结在一起共同参加竞赛并设计出了这个有趣的作品,赢得了公众的众多投票。"对角线集市"的设计理念让主体建筑变成了一个带有波浪表面的手风琴,但是屋顶的设计不是很令人满意——在真正建设时会非常复杂又有难度。同样的,评审团对于他们相较于第一阶段的改变感到有些失望,因为他们发现这个新潮设计作品富有挑战性的结构系统可能会带来更多的变动因素(这对于充满严肃性的项目来说的确显得格格不入)。但是作品的室内空间令人印象深刻的规划设计赢得了很高的分数。但这绝对算得上是一个充满活力的设计,并且建筑主体的圆形形状与邻近的斯蒂文·霍尔的当代艺术博物馆非常相似。

名为"海浪"的作品(或者称为"海浪/1",也有着其他的含义——阿尔托在芬兰语里的意思是海浪)是赫图宁-里巴斯蒂-巴卡楠事务所的参赛项目。这是一家出自赫尔辛基的年轻建筑公司,他们的许多项目包括住宅、教堂和商业项目都在媒体上屡次被报道过。此次参赛作品的设计灵感是基于一系列堆叠的、"有着大量玻璃表面"的箱子,使用这种设计的原因是它可以很好地控制室内温度。消极的方面是,评审团认为,他们相较于第一阶段而做出的改变让这个"朴实、压抑且过于封闭"的设计之中的"泰然自若"的感觉已经消失殆尽，结果使整体性"土崩瓦解了"。主要原因是，设计师将第一阶段所采用的木质材料改为金属，目的是让建筑看起来更加"粗陋"。在评审的初期阶段，评审团的品评似乎在设计团队之中产生了一些适得其反的效果。尽管如此，评审团也承认："海浪"是一个独特且特别优秀的方案，尽管在进一步的实施上没有全部地按照预期完成。

本次竞赛的获奖结果比较特别之处是，有两个参选项目并不是按照一般逻辑认为的被授予为第二名和第三名，而是获得了并列第三名。

其中，"卡西"——这个由赫尔辛基的VERSTAS建筑公司设计的作品（在另一个开放性的国际性竞赛他们获得了扩建埃斯波的阿尔托大学资格）相较于他们在第一阶段表现而言，他们在后期的改变上赢得了评审团的好评。这个充满着感性的无限符号的设计充满着扎哈式的极度扩展的形态，但是设计师把它们放入了一个木制网格中。评审团评价"卡西"为一个"充满魅力且平易近人的"作品，"在空间设计上充满自信，在风格上别具一格"。比如说，项目的入口由弧状的木质层组成，这也许是对阿尔托在1939年于纽约世界博览会上设计的芬兰馆的一次致敬，但是设计并没有过多的模仿前人的作品。同时，这是一个将表现主义和纪念碑似建筑相结合的优秀作品。

另一家年轻的赫尔辛基公司——普拉亚建筑事务所，主要是做本国的办公和住宅项目，凭借他们最有趣或者是可以被形容为最"离谱"的设计获得了第三名。他们的"图书馆实验室"的规划和基本构型为一个直接的长方体。但是整个建筑被包裹在一个雕塑般的深铜表皮之内，与大量的开放式玻璃形成鲜明对比。一些评审认为：边缘尖锐的拐角可能会产生"畏惧和威胁感"。同时，这也是第二个评审团认为在第二阶段比第一阶段出色的方案。因此，建筑在规划性和纪念性上获得了高分。这种古色古香的棕铜色表面让建筑变成了不透明的有机体，这是对柯布西耶朗香教堂的一种怀念。玻璃后的木质结构立柱组成了建筑的骨骼，建筑的主要入口仿佛是一只鲸鱼的鲸须。"在所有的最终设计方案中，这是最令人喜悦的一个设计，它将是最具地标性的，也将是最容易成为赫尔辛基新符号的方案。"这个项目可以说是昌迪加尔与白鲸记典故的结合。

获胜方案"卡农斯"，采用了木材，同样运用了波浪式的形态。尽管建筑的两面采用了直线，前拐角折到后面形成了一个中央入口以及一个波浪式的透明屋顶，仿佛是一片云（根据一些评论所说的，该项目受到赫尔佐格和德梅隆在汉堡的易北河剧院的启发）。获胜者也是一家位于赫尔辛基的公司——ALA建筑设计事务所，它是阿尔托大学竞赛的第五名，也是印度芬兰大使馆的更新者。ALA建筑设计事务所仅在评审的第一阶段就已经赢得了很高的分数，并且他们在第二阶段的方案设计效果也得到了明显的提升（"整个概念越来越清晰"）。评审团认为，"将建筑的有机模式和实用性相结合，'这个建筑是充满魅力的、易于接近的，也是具有识别度的'。"剖光过的一层地面让入口成为图书馆周围公共广场的一部分，广场将建筑与公园相连接，让场地之间具有更好的连通性。此外，在"卡农斯"内部，带有怀旧意味的大楼梯可以到达（被评审团评论为"如工作室一般"的）二楼，二楼配备了多功能活动室、会议室、"市民阳台"，甚至还有一个公共桑拿浴室。在顶层，人们可以欣赏到全市的壮丽美景，仿佛身处天堂般的露天屋顶以及一个安静优雅的

The Winning Design
ALA建筑设计事务所设计的优胜奖作品"卡农斯"

阅读室将成为这个首都中心的完美休息场所。尽管不如普拉亚建筑事务所的"图书馆实验室"那样带有风趣的设计，ALA建筑设计事务所的方案"卡农斯"在规划、可持续性上以及在将芬兰历史和精神相融合的方面上均有着自己的优势。此外，它的纪念性和新奇性能足够作为这个了不起的城市的绝佳新增建筑。

除了成为芬兰设计师的领地，这个竞赛也达到了它的举办目的。就像ALA建筑设计事务所的安蒂·诺乔基所说的那样："我们最初的问题是：我们能够造就一个与数字年代相关联并且对其有益的公共空间吗？"有了"卡农斯"，赫尔辛基应该能拥有一个他们想要寻找的标志性图书馆。

赫尔辛基图书馆主
要有三个功能区

设计建筑交通流
线连接所有功能区

预先留足备用空
间以满足未来
功能需要

一层空间

周围环境

上层空间

赫尔辛基图书馆竞赛 优胜奖

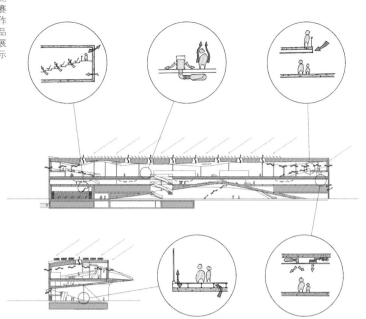

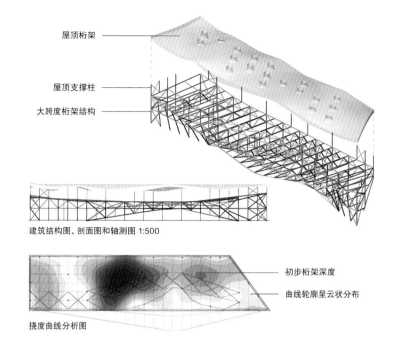

屋顶桁架
屋顶支撑柱
大跨度桁架结构

建筑结构图、剖面图和轴测图 1:500

初步桁架深度
曲线轮廓呈云状分布

挠度曲线分析图

机械服务与管道策略

机械通风：

管网系统的主要支柱水平地分布在一层楼的天花板处，并连接着下方的置换终端。系统由多个独立部件组合而成，置换通风口可以与整个二楼的许多建造结构特色相配合。

置换通风系统向各楼层输送温度在18℃左右的空气。空气会在有热量（人体或设备散热）生成的地方或被阻隔或被抬升，温度会上升3℃到4℃，但不会影响处于该区域的人。

这套系统的优势是提供更高的送风温度，并能用更少的能量来使其降温。置换空调处理系统将会始终提供至少是最小量的新鲜空气。送风量将高于这个最小量，因此循环风将同新鲜空气混合在一起使用。

因此，这样减少了机械制冷和加热，使用能量也减少了。空间测温器将改变空调处理系统的风转速度。当检测到空间内的二氧化碳时，新鲜空气的通风量将被增加。回风通过中途的增压环节被输送至中间楼层。

自然通风：

在一年之中的气候温和宜人的春季和秋季建筑采用被动式自然通风技术。通过自动控制建筑外立面上、下层的自然通风口，所需要的新鲜空气和冷风将从室外直接被输送至建筑内。由于浮力效应，室内空间中，位于高层的热空气将促使空间内的空气排出，随后将更多所需的新鲜空气引入。

在所有楼层中，外立面上有着充足的可控制的开放区域，利用高低层的通风口让空气自由进入，这种低噪音的处理方式可以控制室内的温度。

制冷：

使用节能型的分区冷却系统可以让人们将种植空间缩减到最小，这提供给建筑一种低噪音，低维护率的解决方案。被动式的设计策略将减少所需的制冷量，例如热量回收和智能控制等积极式策略则会进一步减少对制冷量的需求。

置换通风是一种利用低管网速度和相对较高的制冷温度的方案。由于这些特点，系统本身即是低能耗的。由于管网压力低，空气处理系统的风机功率指数可以降到最低，同样以相对较高的制冷温度将空气传播至空间中，这让自然冷却的几率加大。在空间高度较高的地区，仅有空间的低处是被占据的，因此减少了系统对空气容量的要求。

整个建筑内的制冷系统将为变速流系统，通过两段口控制和变速器驱动泵来使能量消耗达到最低。

建筑结构

初级结构：

地上结构的初始结构概念是依据底层的无柱空间的需求而成，这个无柱空间是由一个27米的悬臂支架和18米的反向间隔支撑。

结构内的拱门更为复杂，在一些地方拱门的轮廓变

浅，这使得它同单一的传统拱门相比少了一些功能效力。三个拱门用来分担重力负荷，这样可以使负载被更有效地分摊。为了加强重力负载的强度和稳定性，每个拱门都用与大于拱门自身高度的支架支撑。

除了重力负载之外，由于悬臂尝试扭转它的支撑点，建筑本身展现出一种扭转效应。为了减轻悬臂的这种扭转效应。从平面和立面的角度上看，拱门合力在一起，从而形成了一个坚固的扭转盒状结构。在底端，拱门合力在一起，将扭转作用力向下并传递到地基层上去。

一层交互式的空间内装置着斜拉杆，将拱门连接在一起。在这个地带，这种"森林式的结构"促进了建筑结构的形成。其余的楼层空间由横跨在立柱之间的一个更为传统的横梁或者桁架系统支撑着。

这种由拱门、楼横梁、楼桁架和立柱组成的初级结构由级别为S355钢架建造。力的大小与这些部件相关，所使用的钢采用了高强度的重量比，这让这个方案成为最有效力的方案。

二级结构：

二级楼层结构由胶合木次梁和横跨在之间的木托梁组合构成。横梁切面可以被用作暴露在外面的对角桁架构件，也可以被用来作为钢板的综合剖面。

地上结构的横向稳定性是通过使用楼面板作为横向大梁来实现的，楼面板横向的负重由桁架分摊回到竖向支撑结构上去。竖向支撑结构环绕在建筑的周边，隐藏在建筑外立面之内。这些横向支撑结构承担

了横向负重，并将力向下传导至地基层，又在地基层被分散至地面。

建筑的地上结构通过负重分析中的表现确定了初级构件的大小。钢结构对压力和挠度进行了检查。最大承受压力经过在最大极限条件下的测试被计算出来，数值大小是基于可行的压力级别下的最大压力标准制定的。

结构的挠度最初被限制在最大活负载偏差360°的范围内。结构内的固定静负载挠度可以通过部件的预拱度消除。在下一阶段，将会对框架进行动态分析，但这并不会是关键性的分析。

胶合木和木材楼板梁构成的二级结构同样要依据主框架布局进行检查。典型楼层的布局是在钢横梁之间横跨有6米的胶合木横梁，在胶合木之间有3.2米的勾缝，根据欧洲建筑标准布局经过了核查和适当的测量。

同样，在一层空间内，对作为斜支柱的横梁的切面进行了适应性的检查。在压力小的一些位置切面的大小可以为350～450毫米。

屋顶结构：
考虑到屋顶的不规则直接支撑，最理想有效的结构是随着屋顶深度的不同而变化的。这种深度上的变化强调了建筑师提出的"浮云"概念，在挠度和压力最大的区域深度也随之增加。屋顶上空间桁架的使用让结构可以背对着立柱支撑横跨较大的距离，同时又使结构保持了轻质量、经济性和坚固性。支撑着钢铁构造屋顶的立柱一般会直接延伸到地基层，但其中三根立柱会与二层的拱门结构相连。

屋顶空间桁架的主要深度是由建议的跨度和各种结构类型的深度比例决定的。跨度40°和跨度20°的空间桁架建议采用的数值也是不同的。由于在屋顶上有充足的地区，跨度在20°的桁架建议应适应屋顶的不同深度，越深的结构将会使方案更具有效力和经济性。

地上结构的横向稳定性是通过使用空间桁架作为横向大梁来实现的，楼面板横向的负重由桁架分摊回到竖向支撑结构上去。竖向支撑结构环绕在建筑的周边，承担了横向负重，并将力向下传导至地基层，又在地基层被分散至地面。同地上结构的原因相同，屋顶结构和支撑立柱采用了级别为S355结构钢来建造，或者也可以考虑使用木材。

效果图和图纸：© ALA Architects Ltd.

功能区布局

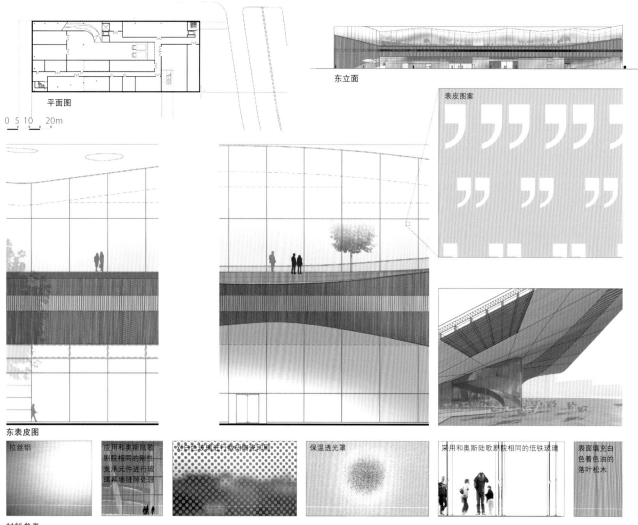

平面图

0 5 10 20m

东立面

表皮图案

东表皮图

材料参考

| 拉丝铝 | 应用和奥斯陆歌剧院相同的刚性支承元件进行玻璃幕墙缝隙处理 | 对白色玻璃进行数码喷涂印刷 | 保温透光罩 | 采用和奥斯陆歌剧院相同的低铁玻璃 | 表面填充白色着色油的落叶松木 |

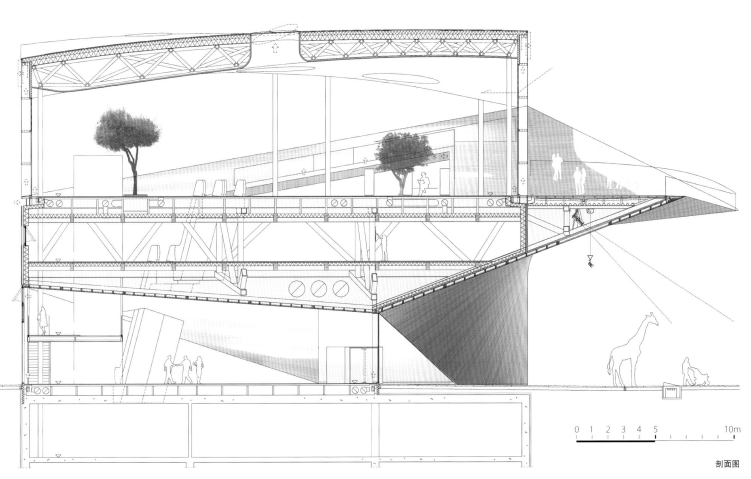

0 1 2 3 4 5　　　　10m

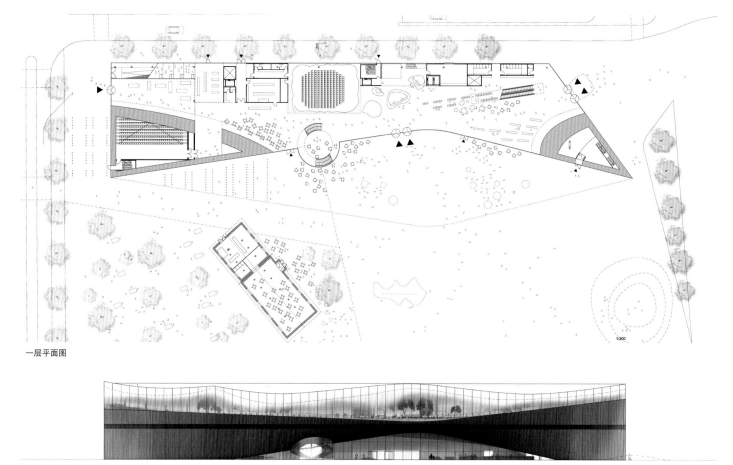

一层平面图

西立面图

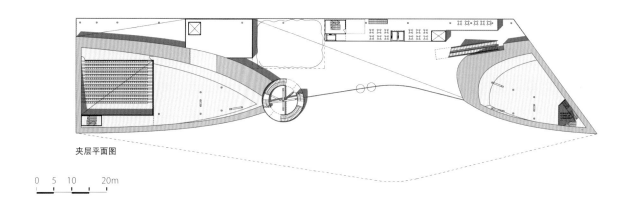

夹层平面图

0 5 10 20m

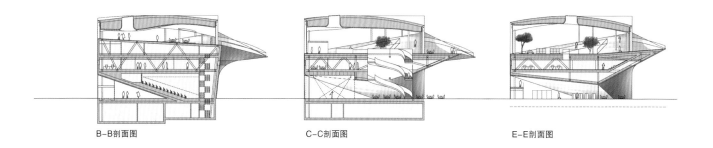

B-B剖面图   C-C剖面图   E-E剖面图

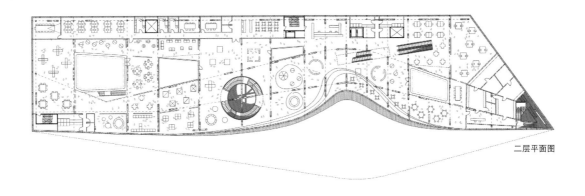

二层平面图

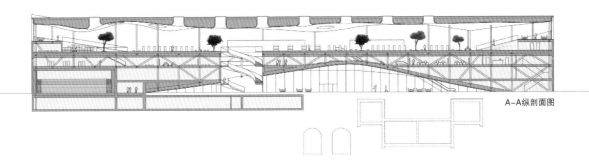

A-A纵剖面图

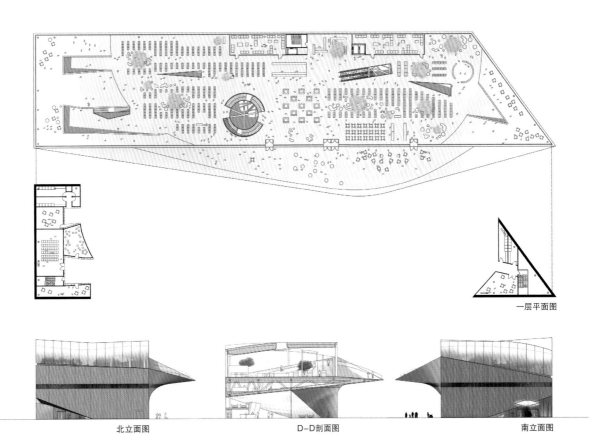

一层平面图

北立面图　　　　　　D-D剖面图　　　　　　南立面图

Shared Third Prize

VERSTAS建筑公司设计的并列三等奖作品 "卡西"

立面与结构:

建筑外立面给人以亲近之感,毫无压迫感。当不经意的瞥见铜制建筑外观,视线也会自然而然延伸到周围其他文化建筑,整体呈现出一种清爽的美感。建筑主体采用价格低廉的环保木材和钢材。

建筑外立面开口较深,遮光性良好。夏季立面上附着的防光照可抵挡太阳光的直接照射,冬日太阳高度角较低,阳光仍会穿过建筑。另外,通过外立面结构的处理,室内光线变得更加柔和、明丽。

建筑立面开口处被设计成为阅读空间,室内其他空间供人们活动和休闲。另外,室内陈设和布局可以根据用户的具体需要进行调整。

效果图和图纸: © VERSTAS Architects

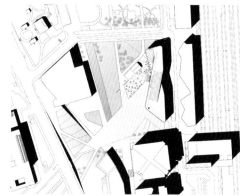

总平面图

西立面图

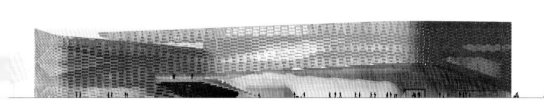

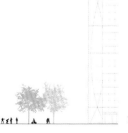

东立面图

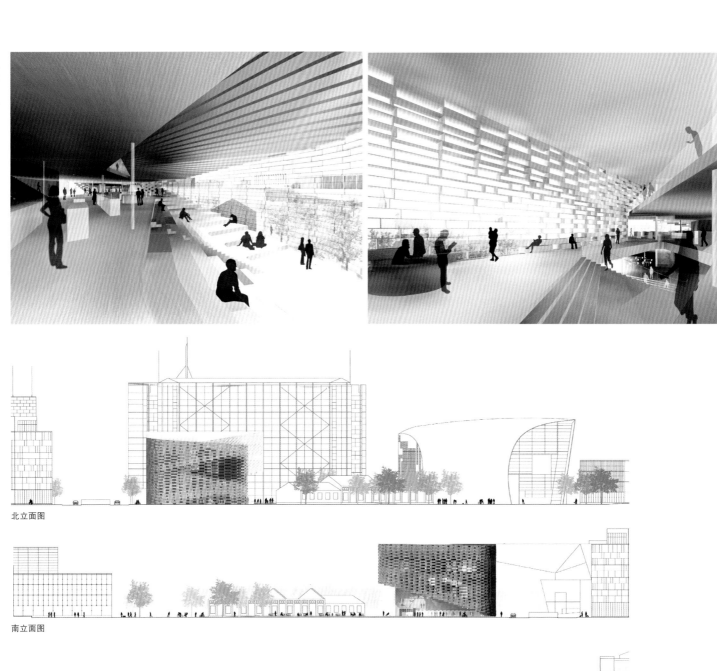

北立面图

南立面图

A−A剖面图

B−B剖面图

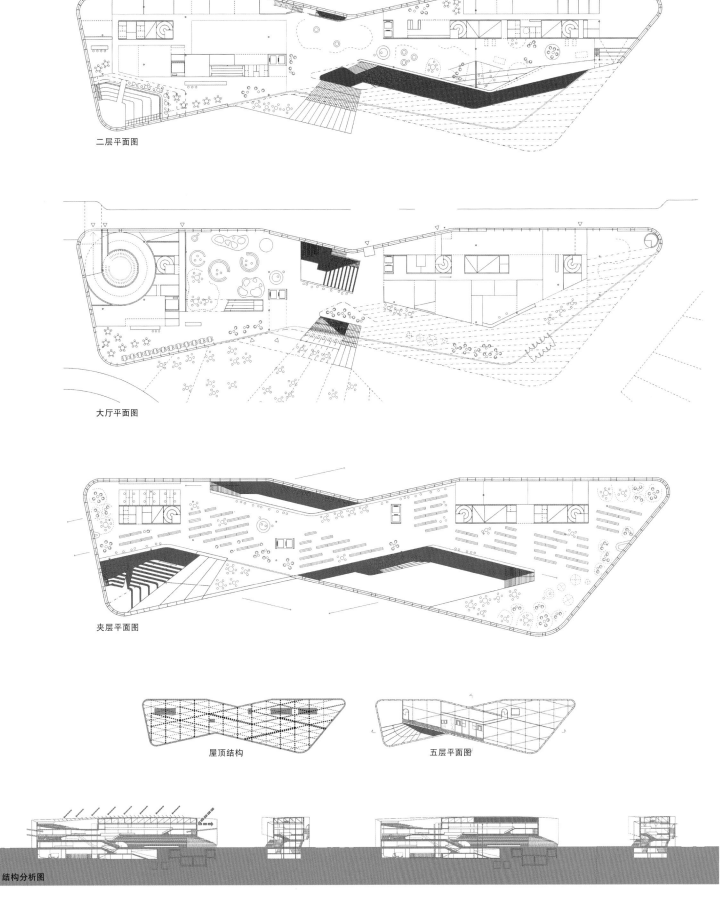

二层平面图

大厅平面图

夹层平面图

屋顶结构　　　　　　　五层平面图

结构分析图

Shared Third Prize

普拉亚建筑事务所设计的并列三等奖作品"图书馆实验室"

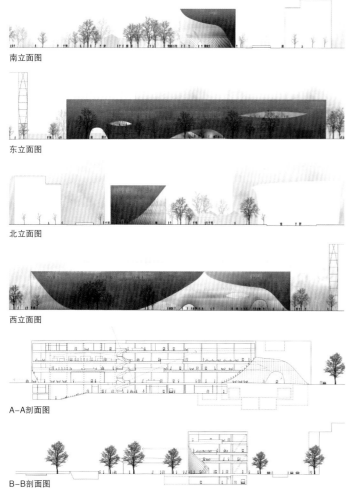

南立面图

东立面图

北立面图

西立面图

A–A剖面图

B–B剖面图

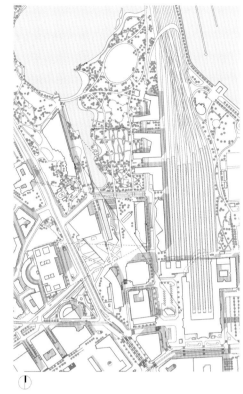

交通流线组织

建筑：

主要的公共区域位于建筑西侧，与两个大的入口相连，入口处为室内提供了自然光照和一览无余的开阔视野。次级服务空间（包括核心楼梯、电梯和技术竖井）位于建筑的东侧。空间按照垂直排列，这样消音空间可以位于朝向顶层的一侧，同时喧闹的区域与大部分公共功能区邻近。

楼层高度依据每一层的功能性和空间位置的情况而有所不同，这样为空间营造了一种关联性、灵活性和可变性。

精心设置的空场拥有不同的空间高度，在楼层之间为人们提供不同的景色和空间体验感。它们也让使用者可以观察到建筑内正在举办中的活动的情况，起到帮助介绍活动情况的作用。二层包含"儿童世界"和私人办公区。相比之下，二层与主大厅的联系更为紧密，这样是为了方便人流的进出，并能很好的展现底层的功能性。

藏品区位于三楼。楼层平面设计是开放式的，楼层高度为了达到更好的灵活性和可变性而被增加。双层高的休息空间位于两端尽头，与巨大的玻璃墙外立面相连，这样让空间内充满了自然光，并能让人欣赏到壮观的景色。除了以上的景色之外，此层楼的朝东一侧设有一个大的入口，人们可以看见位于办公楼和凯萨涅米酒店之间的景色。

除了休息区和员工设施之外，顶层包含公共桑拿和几个屋顶阳台，供人们欣赏延展至城市的景色。

外立面：

外立面由铜和玻璃组成。这两种材料都有着超长的使用寿命以及低"寿命"消耗的特点。铜制的外立面是预氧化的。预氧化使铜直接具有氧化的棕色光泽表面，否则这种效果在正常情况下是要经过一段时间才能达到的。在使用期限内颜色自然变深会导致铜锈的产生。

铜制外立面的一部分是带有孔洞的，并具有不同的图案和纹理。孔洞（在样式和比例上）的不同是根据空间和方向的不同而变化的，根据需要的防光程度和照射至室内程度的不同而变化的，但是这种改变不会影响欣赏景色和自然光的进入。

外立面营造了一种始终如一的品质。夜晚和冬季，在内部灯光的照耀下，外立面显得更加开放，其上有一大部分镶有玻璃，这提供给人们无论是从图书馆内部还是外部看都非常美妙的景色，并且会促进建筑内举办的交流活动。大面积的玻璃表面掺入了遮光剂，这也减少了进入的过多热量。支撑着玻璃外立面的叠层木板柱也是建筑的支撑结构之一。

服务与交通：

通向地下室的服务和装载区域的通道起始于图龙拉登卡图大街，要穿过街区内的一个斜坡。斜坡处有交通灯控制。装载区与电梯和室内服务空间相连。下客区位于街区（埃罗·艾克·卡图大街）的南部边缘，与建筑的入口广场邻近。自行车道位于街区的东侧，主要人行道通向街区的西侧。

效果图和图纸：© Playa Architects

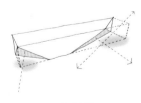

区位分析图

阿尔瓦·阿尔托设计的芬兰会堂

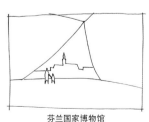

芬兰国家博物馆

061

东表皮图

总平面图

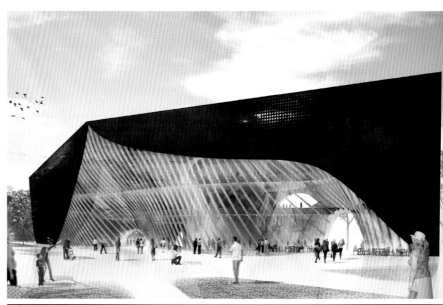

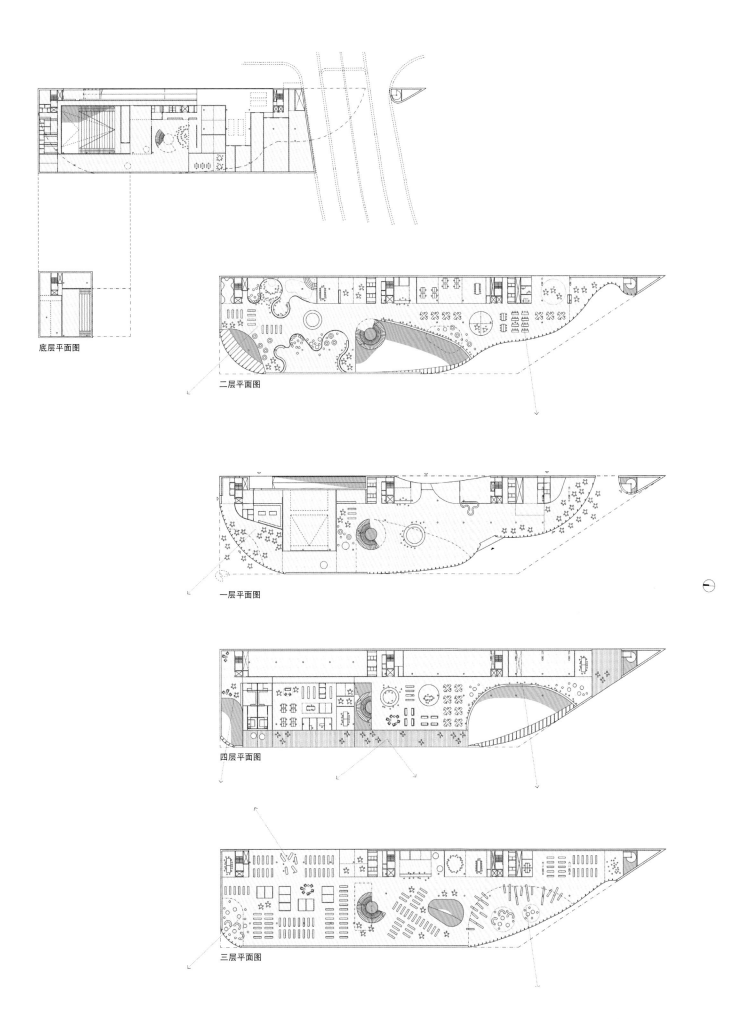

底层平面图

二层平面图

一层平面图

四层平面图

三层平面图

赫尔辛基图书馆竞赛　并列三等奖

Honorable Mention
赫图宁-里巴斯蒂-巴卡楠事务所设计的提名奖作品"海浪"

NÄKYMÄ KANSALAISTORILTA

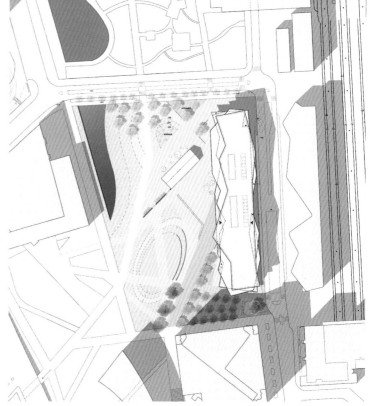

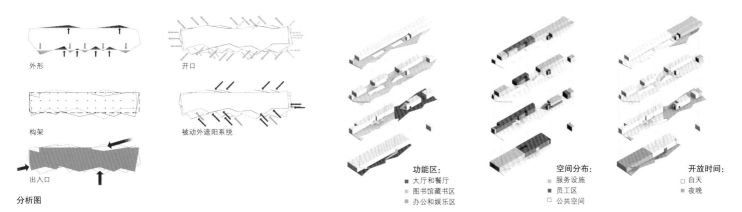

外形

开口

构架

被动外遮阳系统

出入口

分析图

功能区：
■ 大厅和餐厅
■ 图书馆藏书区
■ 办公和娱乐区

空间分布：
▨ 服务设施
■ 员工区
□ 公共空间

开放时间：
□ 白天
■ 夜晚

自马内海姆大街看图书馆

交通流线组织

材料：

赫尔辛基城市中心图书馆作为市政府和市民长期投资的项目而进行设计。材料选择应是持久、耐用且与众不同的。外立面由特殊处理的铜覆盖以保证棕色的光泽。室内墙面和天花板有橡木和便于安装的白色吸音表面组成。倾斜的墙面可以减少开阔空间的回声，地面铺设了装饰地板使空间具有最大的灵活性。

结构系统：

建筑的负载结构是木材和钢的混合结构。支柱由灌铁的混凝土铸成。水平结构由交叉层叠的木材板和胶合板梁组合建成。外立面由交叉层叠木材板建成，木材板之间可以互相负重。板材上包裹着绝缘材料和铜箔。

效果图和图纸：© Huttunen Lipasti Pakkanen Architects

剖面图

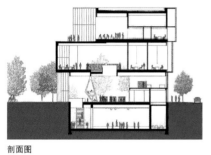

剖面图

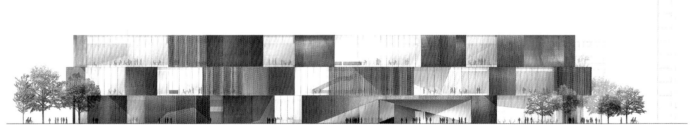

西立面图

东立面图

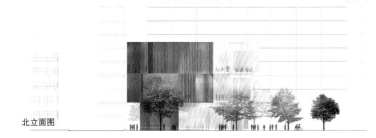

北立面图

南立面图

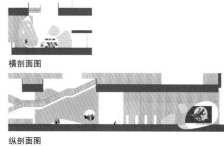

横剖面图

纵剖面图

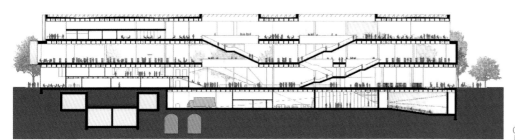

0　10m

A–A剖面图

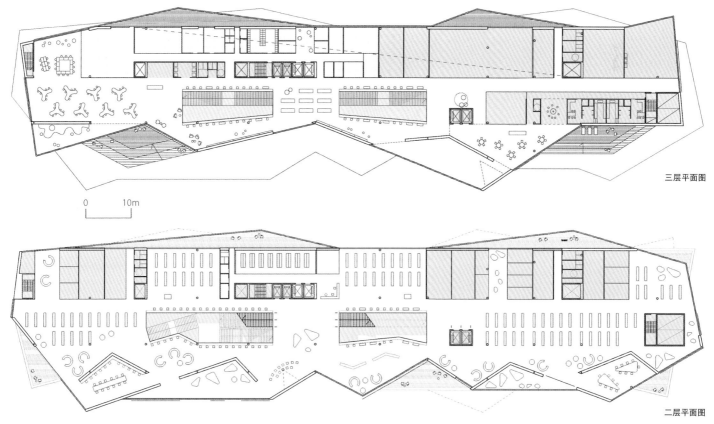

三层平面图

0　10m

二层平面图

赫尔辛基图书馆竞赛　提名奖

Honorable Mention

六人西班牙设计团队所设计的荣誉提名奖作品"对角线集市"

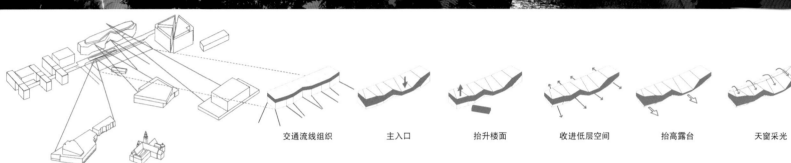

交通流线组织　　主入口　　抬升楼面　　收进低层空间　　抬高露台　　天窗采光

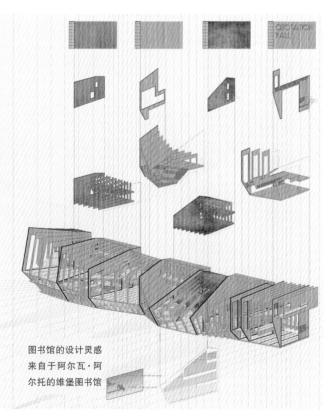

图书馆的设计灵感
来自于阿尔瓦·阿
尔托的维堡图书馆

木材芯和表皮维护

简单木质结构

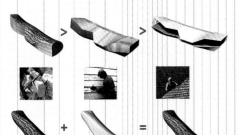

室内外采用不同的材料处理手法

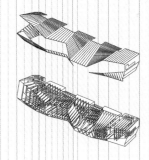

由于图书馆的开放式设计，楼内的人们可看到多样的楼外景致

室内温暖且舒适，有如家之感

提高功能区布局灵活性及改善采光条件

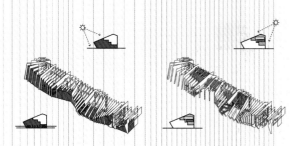

图书馆不仅仅是一栋文化建筑，更是一处游览胜地

图书馆不是一栋孤立的建筑，而是一栋可供人们学习、娱乐的城市建筑

图书馆立面可充分展现城市到景观的过渡

穿越树林　　　　　　　　　　　两种幕墙穿孔方式

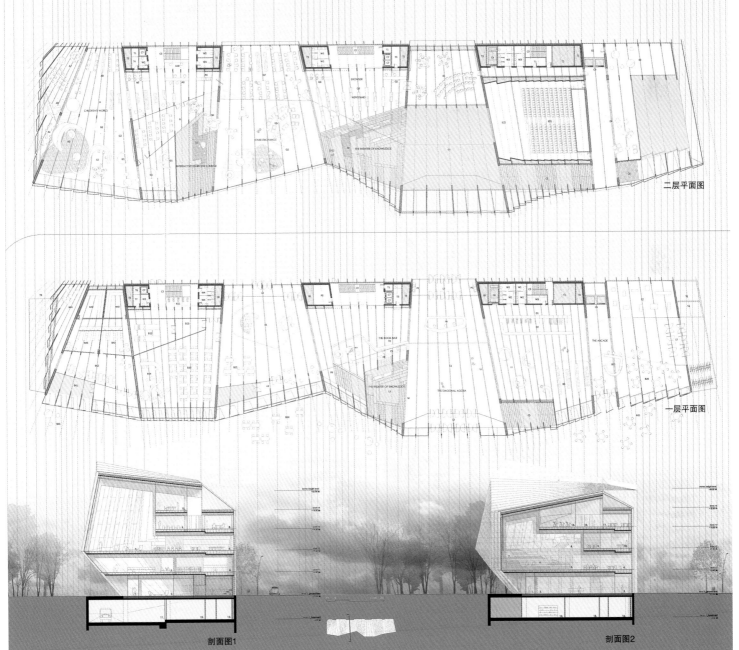

二层平面图

一层平面图

剖面图1

剖面图2

"先请他喝杯黑咖啡，然后直接去看电影。可是他不知道当电影散场时，大家会在大厅集合齐唱生日歌为他庆生。"
—— 图书馆使用者

Honorable Mention

亨宁·拉森事务所设计的荣誉提名奖作品 "赫尔辛基的心跳"

区位图

差别：

此方案的空间设计带有名副其实的和谐之感，亦能体现都市生活的万千变化。

繁忙的城市与宁静的公园之间的反差鲜明表述出的是一种真正的都市生活方式，同样，对于来图书馆的人们，图书馆的设计也会反射出这些人的多样性。此方案设计展现了一个阴阳相交错的建筑，阴阳的代表即分别是宁静的公园环境与繁忙的都市环境，方案的概念从建筑的外观中就会被轻易的领悟。在北部，建筑沿着轴向方向的对角线被分割；与公园相连通，遥望图龙拉提湾，这座庞大、充满光辉又宁静的建筑醒目地屹立着。在南部，建筑采用了一定数量的木制台面板，这样的设计完全没有受到立面设计的影响，此部分作为一座塔楼向整个城市开放，在这里，人、功能性和活动，这些元素被组合在一起，使之成为一个充满活力和生气的空间。

联系：

空间设计与城市相约，促成了一次室内与室外的意外对话。

图书馆位于城市与公寓的交叉地区内，方案概念结合了图书馆这样独一无二的地理位置。因此，加强了这两种元素，室内空间与美丽景色之间的关系。为了在议会、音乐中心和芬兰大会堂这几座建筑之间创建直接的对话，它们的外立面被描绘入图书馆之中，从东南到西北的对角线，成为穿过建筑的一条室内街道。

运动：

使用者成就建筑，建筑成就城市。

一个巨大的斜坡起始于繁忙的抵达大堂，逐渐延伸至一层的主要楼层，在这里使用者们可以找到供他们休息或阅读的安静场所。在这一地区的台地和露台被专门设计成举办各种各样活动的地方，这既证实了图书馆的多样性也有意识地提供给使用者展示的平台。在主入口，一个室外斜坡直达图书馆的主楼层，在这里，建筑东侧的一个大楼梯可以引导参观者上到图书馆的屋顶。

堆叠：

空间的设计即满足个性化的需要又能体现文化社区之间的多样性。

为了达成图书馆和城市设计者之间的协同作用，堆叠的主题被引入成为图书馆设计的精华部分。城市化结构比书架的结构有着大体相似的堆叠方式，将主大堂、多功能大堂、电影院和展览空间堆叠在一起正好强调了这个特别的类比。对这一主题的进一步体现在图书馆以东，在这里，图书室、会议室、工作室和休闲空间组成了一个如架子一般的结构，形成了一个巨大的 "知识堆"。

开放：

随着一年四季的昼夜变化，空间的设计提供了一种变化的透明感。

在一天的时间里，外立面的设计表达了一种开放性和外表上的变化性。这种开放性让路人可以看见建筑内的活动，甚至能看到后墙上的 "知识堆"。当房间被点亮时，从室外会清楚地看到室内人的影子。这强调了一点 —— 使用者们及其活动是图书馆吸引人的一景。立面的薄层沿着对角线分割，对角线两面被清晰地区别开，面向城市的一面是开放式的外立面，面向公园的一面则较为封闭。一面朝上、一面朝下，外部每一面对周围的环境都是一种独一无二的反映。

灵活性：

空间的设计可以适应未来不同的要求和需求。

为了使建筑尽可能地拥有适应性，主要是依靠开放式的、无核心的楼面布置。设计师有意识地强调位于 "知识堆" 和对角街之间的空间，同样的，在对角街和西立面的空间之间也完全是没有焦点元素的。

效果图和图纸：© Henning Larsen Architects

从国会大楼看图书馆

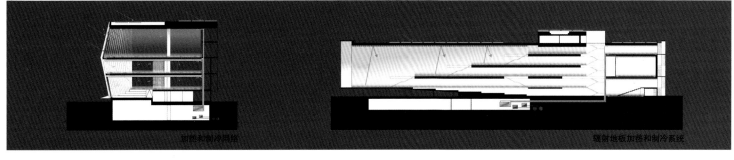

辐热和制冷网络

辐射地板加热和制冷系统

① ② ③

1.当绿色公园遇见都市表情
用硬石材铺设的城市路面与大规模的绿地相融合,为图书馆营造出一种特别环境。

2.种类多样的休闲空间
图书馆公园被特别设计成可以举办各种庆典和活动的场所,包括一个大型的都市空间、活动现场和略小些但更为私密的住宿和娱乐空间。

3.交通流动路线
广场和公园在许多道路上是交叉的。这为路过的人们提供了多样且充满娱乐性的体验,所有主要人行道都与热门景点相连。

总平面图

赫尔辛基图书馆竞赛 提名奖

"这个地方是我的最爱。这边是图书馆,那边是电影院,从高处洒下的阳光暖洋洋地照在身上,我真的感觉我好像置于自然世界中。"——图书馆使用者

外形构造

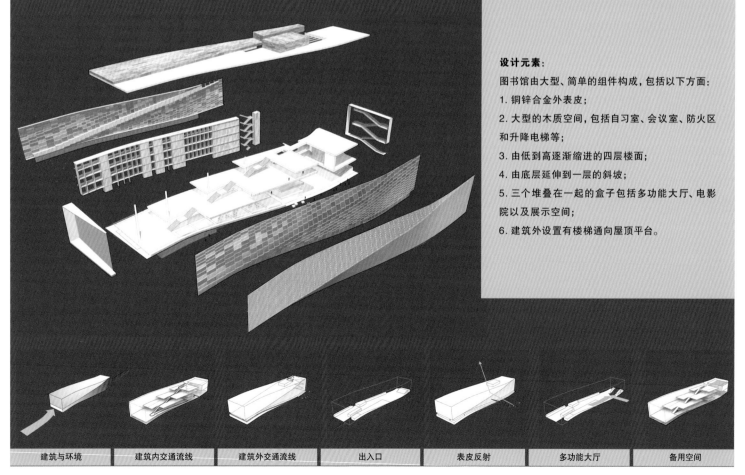

设计元素:

图书馆由大型、简单的组件构成,包括以下方面:

1. 铜锌合金外表皮;

2. 大型的木质空间,包括自习室、会议室、防火区和升降电梯等;

3. 由低到高逐渐缩进的四层楼面;

4. 由底层延伸到一层的斜坡;

5. 三个堆叠在一起的盒子包括多功能大厅、电影院以及展示空间;

6. 建筑外设置有楼梯通向屋顶平台。

| 建筑与环境 | 建筑内交通流线 | 建筑外交通流线 | 出入口 | 表皮反射 | 多功能大厅 | 备用空间 |

"坦白地说，我并不是来这里借书，只是想消磨一下时间，随便看看杂志，前几天我在这恰巧碰到一位前冰球运动员，与他聊了好久。"
——图书馆使用者

"为什么学习一定要在学校？早上我带学生来到图书馆，他们立即就进入了学习状态，而且不用我提醒，看来是这里的氛围对他们的学习状态产生了良好影响。"——图书馆使用者

加州大学戴维斯分校博物馆竞赛

拉里·戈登（*Larry Gordon*）/ 撰文

加利福尼亚大学戴维斯分校（*University of California, Davis*）/ 图片

葡萄酒之乡的文化地标
A Cultural Anchor in Wine Country

加利福尼亚大学戴维斯分校是美国一所正在逐步壮大并且广受好评的大学，尤其是在农业领域的研究享誉盛名。该校曾为附近中央山谷的大农场和全球的种植者提供技术支持。

加利福尼亚大学戴维斯分校设有艺术类精品课程，校内收藏的艺术品也十分丰富，包括版画、水彩画和陶器等。当代画家韦恩·第伯（Wayne Thiebaud，这位画家运用鲜艳明丽的色彩给人以强烈的视觉冲击，专门创作能够满足感官且色彩明亮画作的开创者，画作的主题以蛋糕、棒棒糖和农场景观为主）在这里授课并为大学捐献了许多他自己和其他画家的作品。学校也收藏从17世纪到19世纪期间大师的版画作品。

如今的加利福尼亚大学戴维斯分校坐落在离萨克拉门托市中心仅18英里的地区，学校希望为艺术收藏品建立一个新家，以代替在校园中的纳尔逊美术馆。在来自出版方面和世界级红酒巨头让·谢尔梅（Jan Shrem）及其夫人玛利亚·马内蒂·谢尔梅（Maria Manetti shrem）的1000万美元的捐助下，学校计划在2016年用3000万美元建成一座博物馆。

博物馆位于一座表演艺术中心对面，紧挨直达旧金山的繁忙的80洲际高速公路，这样的地理位置将令建筑在更大的区域中得到关注。因此，设计目标是设计并建造一座同时能够吸引学生、教职工以及来自加利福尼亚北部非校园观众的博物馆，学校官员说。

"我们希望这个建筑可以成为一扇大门，一个标志性的建筑"，加州大学戴维斯分校的助理副校长兼校园建筑师克莱顿·哈利迪说。

杰西·安·欧文斯女士（Jessie Ann Owens），人文、艺术和文化学院院长注意到了一座城市艺术馆和一家有3300名注册学生的大学之间的区别。除了以一种最好的方式来展示和保护艺术品之外，学校的博物馆必须同样作为一个教育中心，配备教室和工作室。她说，这里应该是"一个学生们都想来的地方。一个不光是对艺术系的学生重要的地方，而且要对校园内的所有学生和老师来说都很重要的一个地方"。

有了雄心壮志的目标，加州大学戴维斯分校决定举办一个建筑设计竞赛，参加竞赛的团体包括一名设计建筑师、执行建筑师和承包人。官方认为，如果采用这样的团队将会节省时间和金钱。于是，官方首先在2012年秋天向一大批团体发出了邀请文件，随后在回应者中挑选出七个入选方案，在面试之后，在同年12月将名单消减至三个团体。三名入选者中的每一个团队都会获得125000美元的奖金以便开展他们的设计。

在4月，方案在各会议室和陈列室展出，在校园中引发了热烈的讨论。由教职工、行政人员和艺术专家组成的评审团在5月初宣布最终获胜者。

本文作者拉里·戈登多次在《竞赛》发表文章，目前在美国洛杉矶工作。

鸟瞰图

The Winning Design

优胜奖

设计公司SO-IL：
执行公司波林·塞文斯·基杰克逊；
承包公司惠婷-特纳公司

SO-IL, design architect;
Bohlin Cywinski Jackson, executive;
Whiting-Turner contractor.

这是获胜者的方案设计，被称为"宏伟的苍穹"。项目形态是在开放式的广场和一系列的博物馆建筑之上一个有50000平方米的金属华盖仿佛在波动。

华盖下的迷你校园由三个结构组成，总计29000平方米，仿佛是从中央大堂伸展出的条幅。合而为一又彼此独立存在，一个建筑单独作为美术展览馆；另一个用作教室和工作室；第三个建筑供行政人员和服务人员使用。带孔的华盖由一些11英尺到30英尺不等的精致支杆支撑起来，有效利用了戴维斯当地的温暖天气，同时也可以成为人们在强烈日光和零星小雨天气下的庇护所。

在中心处，华盖洞下的小草山给人们带来了一种清新的大自然的感觉——创造了一个供欣赏演出和播放艺术影像的休息区。到了晚上，室外也会被点亮，在高速路旁形成一个焦点。

"学院博物馆不应该是'一个封闭的艺术品堡垒，而应是更为开放、更为平易近人、更为有吸引力的'"，主设计师佛罗莱恩·爱登伯格评论说。他和妻子一起建立了位于纽约的SO-IL建筑事务所（全名：立方体目标-爱登伯格·刘建筑事务所）。爱登伯格认为，他们受到了来自平原和弯曲河流等农场景观以及第伯的田园油画、版画和其他艺术收藏品的启发而获得灵感。另外，他们也认为轻结构的农业建筑就像一个遮篷。

该设计尝试避免以任何纪念碑式的博物馆建筑形式来吸引学生，爱登伯格解释到，校园博物馆应该"与校园塑造的精神状态相通。所有在这里的设计是未经过太多计划和决定的，是一些会吸引学生和他们的想象力的东西"。

他同时也强调，设计的目标是建立一个"开放式的结构，在这里人们可以接收、占据或者拒绝或者能找到他们本身的价值所在"。艺术展览馆被设计成易于变换甚至扩展的空间。

SO-IL"宏伟的苍穹"项目的设计理念受到了评审团正面的评价（波林·塞文斯·基杰克逊公司的参与帮助了项目的设计规划，他们曾因为优雅且具有冒险精神的苹果店铺设计而闻名）。评审员特别欣赏设计公司在教学教室、工作室、美术展览馆和行政办公室的创意，它们都以同样的水准被设计出来并且同样受到瞩目。

"这是以21世纪最前卫的思想来设计一个博物馆，而不仅仅是为了设计一个储藏室。这是一个举办活动的平台"，博物馆馆长，也是陪审员之一蕾切尔·蒂格尔说。在华盖下的参观者将看见学生们聚在一起上课，艺术家们在工作，美术展览馆在展出艺术品，工作人员在工作，这些都在她所描述的"一个透明的研究所"里进行着。

屋顶

日间外景

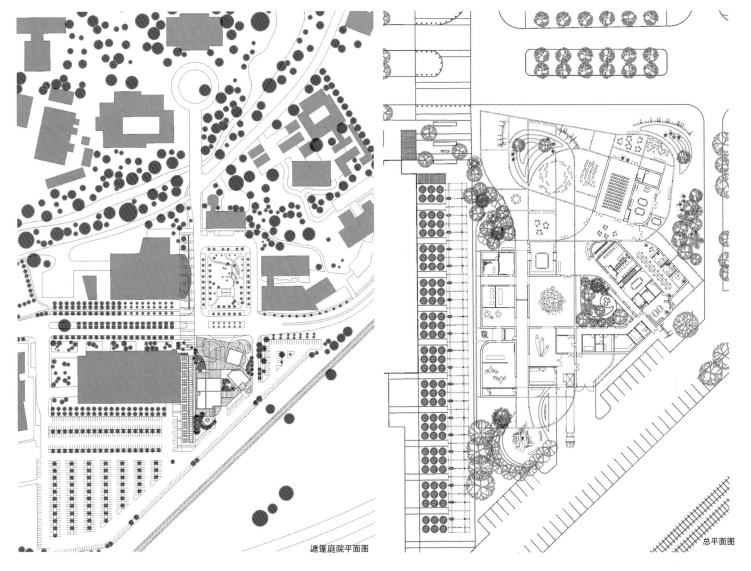

遮篷庭院平面图

总平面图

加州大学戴维斯分校的教授蒂姆麦克·尼尔评论道，他和其他评审员觉得缓缓波动的华盖与学校周围的农业景观以及远处的山脉看起来非常搭配。这似乎在让结构随着时间的进程去延展和进化，同时又能保持住室内、室外的空间感。加州大学戴维斯分校的欧文斯院长这样评价道："这种将设计与大学相连的设计方式令我非常着迷。这感觉很像戴维斯，甚至能够感觉到戴维斯的气息。这不是一座在任何地方都能看到的建筑。"

然而，仍然有一个问题值得关注，华盖的材料和质地仍在研究中。这需要在从高速路和附近看都能够吸引人。一些学校官员不希望华盖带有孔洞，因为博物馆应该是防雨水的。它应该易于清洁，因为有过多的灰尘从农场刮到校园内。

加州大学戴维斯分校博物馆竞赛　优胜奖

屋檐下内景

大厅

主入口

从大厅到展厅的透视图

Invited Proposals

受邀竞赛作品

设计公司WORKAC；
执行公司韦斯特莱·克里·德莱什科斯基；承包公司基特切尔公司

WORKac, design architect;
Westlake Reed Leskosky, executive;
Kitchell contractor

这个被称作"倾斜"的方案是三个入选方案中最引人注目的，且引起了存在差异的评论。建筑的外部形态是一个类似折纸工艺品的平行四边形，搭配极度倾斜的金属屋顶，一些点一直倾斜至地面，在另一些点又被拉高形成一个遮阴广场。根据纽约设计公司WORK建筑事务所（WORKac）主管丹·伍德和阿迈勒·安德奥兹的展示，这个标志性的设计是为了在高速路旁制造一种"惊讶效应"，

同时在建筑的内部和室外遮篷下又能提供亲民的聚会空间。伍德说："在每一个角度看建筑都是不同的。"超平面艺术品可以在金属结构上展示，整个建筑在夜间都将被照耀得发光。

在建筑内部是设计师称为"讲坛"的区域，由一段宽阔的木质台阶和一个包括一连串展示艺术品的平台以及一些讨论用的座椅组成。区域通向教育空间之上的一层画廊。

"倾斜"冒险的几何图形和雕塑般的设计强烈地吸引了一些评审团和校园设计成员的目光，他们认为这个方案将把加州大学戴

维斯分校变成一个地标。但是其他人认为设计过于极端，过于冒险。考虑到本科生们会去研究建筑的缺点，一些行政人员担心屋顶接触地面，会不故意地吸引攀爬者来攀爬。室内讲坛和阶梯式的展示区在建筑形态和设计思想上得到了好评，但是关于它能否保证艺术品的安全和在举办残疾人会议时能否保证秩序的通畅则引发了担心。此外，一些评审员担心是否整个项目过于复杂以至于会引起预算的透支。

照片：© The University of California, Davis
效果图和图纸：© WORKac, design architect; Westlake Reed Leskosky, executive; Kitchell contractor

模型图

模型平面图

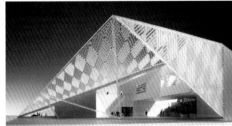

街景

日景

竞赛作品展示

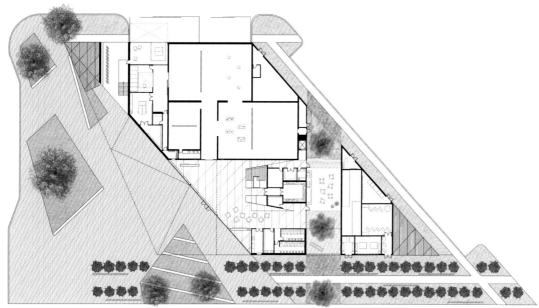

一层平面图

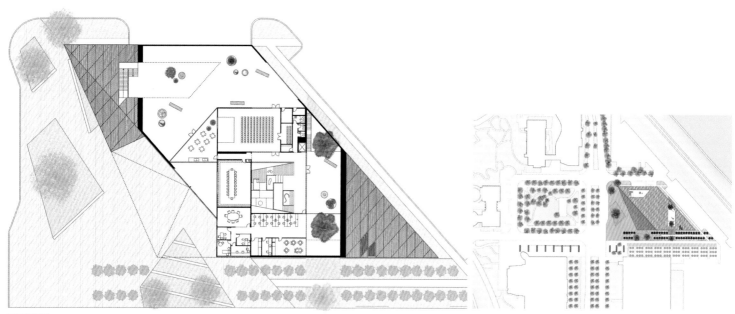

二层平面图

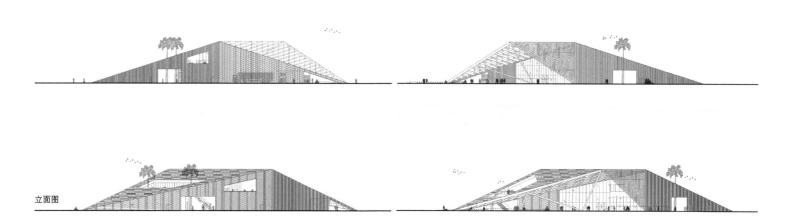

立面图

展厅

加州大学戴维斯分校博物馆竞赛 受邀竞赛作品

Invited Proposals

受邀竞赛作品

设计公司亨宁·拉森建筑事务所；
执行公司古尔德埃文斯；
承包公司奥利弗公司

Henning Larsen Architects;
with Gould Evans as executive;
and Oliver and Co. contractors.

建筑的标志性元素是一个外伸屋顶，灵感来自树上摇曳的叶子。这个两层建筑的玻璃立面不但有"如此的外表，在其建筑内部也同样精彩"，本部在哥本哈根的跨国建筑公司亨宁·拉森建筑事务所高

级设计建筑师迈克尔·索森森说。在建筑前方，户外坡道以及长满草的斜坡将引导参观者从底层抵达二楼的公共院落；设计师希望外部的坡道变成一个公共的聚会空间，就如同在纽约大都市博物馆的台阶一样（一些校内的官员担心此处可能会变成滑板中心）。室内的大堂是一个引人注目、有两层楼高的空间，在一侧摆放着架子，在这里学生可以放置他们自己的艺术品。在这周围是正式的展览室，其中设置的旋转墙让空间充满了灵活性和变化性。二楼的庭院很是特别，仿佛是在叶子屋顶中间截出的一个洞，这个开放

式的空间可以让人接触到加利福尼亚的天空和温暖的气候，而且这里也可以作为一个接待场所，在这里放映电影或进行演讲可以远离高速路上的噪音。

评审团特别欣赏此项目亲学生式的大堂，但是同时也认为，这个项目没用获胜的原因是设置了过多的通向高层的庭院以及周围办公室和教室的公共出入口，这将产生安保的问题；还有一些人认为庭院似乎与楼下的艺术馆脱离。除了对于会产生滑板中心的担心之外，户外坡道同样引起担心，因为它的路径似乎过于盘绕复杂。

露天电影院　　社区教学、艺术工作室　　艺术节　　场地展览

庭院的灵活性：
向外伸出的棚壁和夸张的悬臂设计巧妙地为屋顶下所有空间提供阴凉，屋顶似乎被其周围的建筑结构保护起来，同时屋顶也向周围的建筑敞开了怀抱。一片叶状铝薄片覆盖住了所有空间：办公室、工作室、休息室、画廊、庭院和支持服务区。

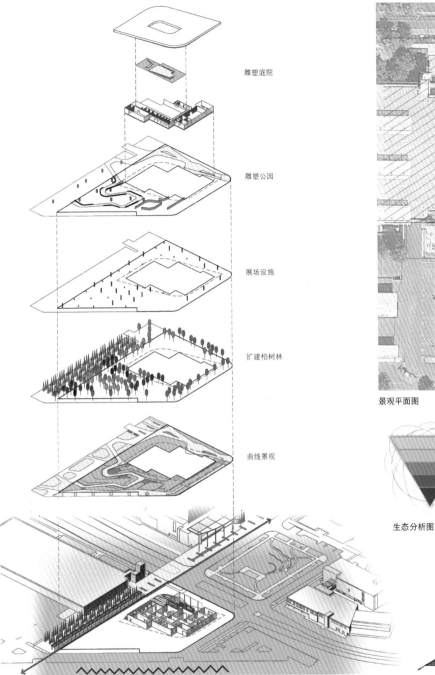

雕塑庭院

雕塑公园

展场设施

扩建柏树林

曲线景观

实用景观分析图

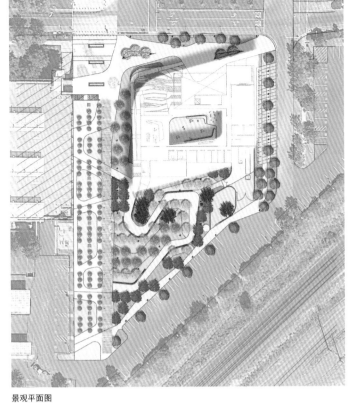

景观平面图

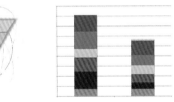

生态分析图　　　　　　能源性能分析图

叶子形景观

橄榄树林

多年生牧草

梯田景观

树林雕塑

艺术墙

景观设计的可行性：

设计师将原有凡登霍夫方形景观的绿色元素向南延伸，跨过老式园区道路，直至一处坡地景观；艺术长廊和斜坡广场是校园文化中轴线的终点，同时也是叶状画廊的高层庭院的所在地。坡地景观上布满了植物和雕塑，人们在这里可闲坐休息又可参加社交活动，还可以参观艺术品或享受高处户外空间所带来的独特视野。如果说建筑如同一片叶子，那么景观可以说是将叶子划分为两部分的叶颈。

建筑设计的可持续性：

通过被动策略可减少建筑物的采暖和制冷负载。温度控制的其他需求可通过高效的主动系统来完成。

能源使用的优化与减少：

这里的建筑能耗图表显示出方案中的博物馆每年能源使用情况、能源成本数据和二氧化碳排放量。该建筑参照加州能源委员会制定的建筑标准设计而成，且符合加州第24条节能法规。

建筑标准和建筑方案中能源使用情况：

标准建筑：87千焦/平方英尺/年

建筑方案：57千焦/平方英尺/年

参照加州第二十四条建筑法规，该项目能源成本节约率为26.1%。

加州大学戴维斯分校博物馆竞赛　受邀竞赛作品

露天电影院

屋顶起到遮阳的作用

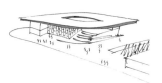

修饰屋顶轮廓,使之极具特色

艺术教育体验:

人们需要登上山丘穿过画廊,走过光影斑驳的庭院,才能进入社区活动室。从庭院上方环顾四周,室内空间具有360°全景视野。该博物馆旨在打造学习体验透明化。

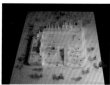

艺术中庭:透明大厅位于可提供非正式聚会和休闲体验的画廊旁边。通过徜徉在艺术圣殿和世俗场所中,人们可在欣赏艺术品的同时进行社交活动。

画廊设计：

画廊的设计要符合加利福尼亚大学戴维斯分校展览规模的需求，并且要具有适应未来发展的灵活性。三面枢轴墙给画廊带来了一种独特的建筑体验和空间质量。这种枢轴墙设计将其打造为一座具有中心轴的整体画廊或4个独立画廊的建筑，并且每个画廊都有自己的入口。

展厅布局
画廊的平面布局使人们在相同天花板高度下拥有不同空间体验。

中心画廊的天花板较低，以打造一种温馨私密的环境。

结构造型
枢轴墙位于室内布局的南北方向，将画廊分为四个独立的个体。

枢轴墙可旋转，同时分离开一个或几个画廊。

在东西方向上利用旋转式隔断将独立的展厅连接起来，形成一个贯通的展厅长廊。

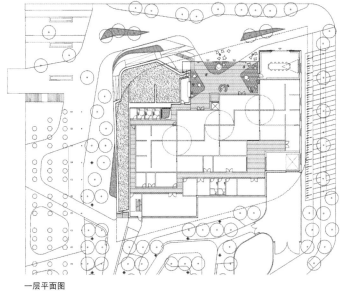

一层平面图

A–A剖面图

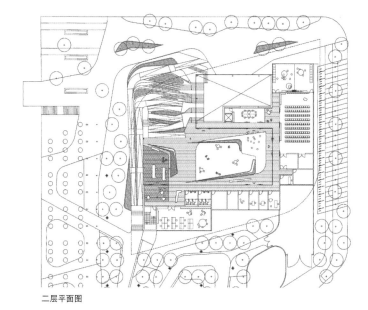

二层平面图

D–D剖面图

加州大学戴维斯分校博物馆竞赛　受邀竞赛作品

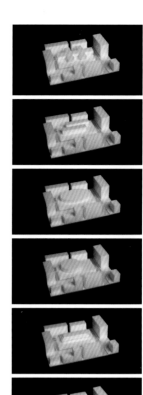

马丁·路德·金纪念图书馆竞赛
Martin Luther King Jr. Memorial Library

梅卡诺建筑事务所和马丁内斯+约翰逊建筑事务所

  马丁·路德·金纪念图书馆由20世纪最伟大的建筑师之一密斯·凡·德罗于1972年设计完成，借以纪念美国民权运动领袖马丁·路德·金在人类历史上做出的贡献。2014年2月18日，美国华盛顿特区区长文森特·格雷正式宣布纪念图书馆的改造和扩建工程由梅卡诺建筑事务所和马丁内斯+约翰逊建筑事务所负责。另外入围竞赛最终评选的两家设计团队分别为帕特考建筑事务所与埃尔斯·圣·格罗斯事务所，工作室建筑事务所与费里隆集团。

  本次图书馆改造扩建工程旨在进一步满足新时代人们对图书馆建筑多样化的需求，同时将华盛顿特区的本土现代文化融入图书馆的设计。虽然马丁·路德·金这位伟大的民权运动领袖的光辉形象已永远定格在上世纪，但纪念图书馆仍将继续影响这个世纪甚至下个世纪还在民权奋斗路上的人们。如今马丁·路德·金纪念图书馆存在的意义已发生转变，它俨然成为活跃人们文化生活的催化剂、人们心驰神往的文化圣地。此次改造扩建工程主要针对图书

馆的室内，共计约23226平方米，让这栋已有40余年历史的图书馆变得更富现代气息。马丁·路德·金纪念图书馆是华盛顿公共图书馆系统中的支柱，是现代主义建筑大师密斯·凡·德罗设计的唯一一栋图书馆建筑，并于他离世的第三年，即1972年正式投入使用。设计团队集中研究了两个命题——若只对纪念图书馆进行翻新，设计团队会如何着手；若在现有图书馆基础上加建新楼层形成一栋多功能图书馆建筑，实施的可能性有多大。当文森特·格雷谈论到这两个命题时说，他对纪念图书馆进行翻新工程喜出望外，这将引领人们踏上全新的舞台。设计团队中来自荷兰的梅卡诺建筑事务所主导设计方案，来自华盛顿的马丁内斯+约翰逊建筑事务所在历史建筑改造翻新方面拥有丰富经验。总设计师由梅卡诺建筑事务所的建筑创意总监弗兰辛·胡本担当，她曾设计欧洲最大的图书馆建筑——伯明翰图书馆。"我们将延续密斯·凡·德罗的设计理念，进一步探究图书馆未来将面临的挑战。我们一定会将马丁·路德·金的精神发扬光大，他的梦想就是我的梦想。"胡本道。

基 本 信 息

设计公司

梅卡诺建筑事务所和马丁内斯+约翰逊建筑事务所

主建筑师

弗兰辛·胡本，梅卡诺建筑事务所的建筑创意总监

客户

马丁·路德·金纪念图书馆

地点

华盛顿特区

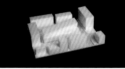

左上图：9号街东：悬挑的建筑体量在水平方向上对密斯设计的现有图书馆不造成任何影响
右上图：混合功能概念模型图
对页图：G大街西

建筑师评论

一、不严格遵循密斯·凡·德罗的设计理念

图书馆建筑随着社会的不断进步而不断更新换代。理查德·雷耶斯·加维兰曾说，"在20世纪60年代密斯设计此图书馆时，仅仅考虑到图书馆的基本功用，即人们来到图书馆，选择一本书进行阅读或租赁，而后就离开了图书馆。但半个世纪后的今天，图书馆已不再是当初一借一还的简单交易模式，图书馆的改造扩建工程也应运而生。图书馆完全可以对用户的生活方式产生积极的影响，尤其对那些喜欢到图书馆借书的大众。"因此，设计师应该设计、调整并促成图书馆建筑的转变，即便需要尝试非常大胆的新举措。

密斯·凡·德罗对图书馆每层楼的布局设计几乎一致，但是为了确保一楼门厅具有良好的照明效果，一层的举架高度设计成与二层、三层和四层不同。设计团队对此提出了全新的改造方案。

由于地下一层是创意区，所以没有必要完全遵照密斯的设计初衷，该层的核心区为档案架及书库。一层为商店；二层为教学区；三层为阅览区；四层则将过去密斯的设计与未来梅卡诺建筑事务所和马丁内斯+约翰逊建筑事务所的设计交织在一起，在东南角是密斯设计

东西剖面图

透视图

拆除现有各层楼的实体墙，保留D行线和K行线上的玻璃隔断

严格区分公共区和私人区

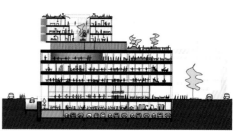

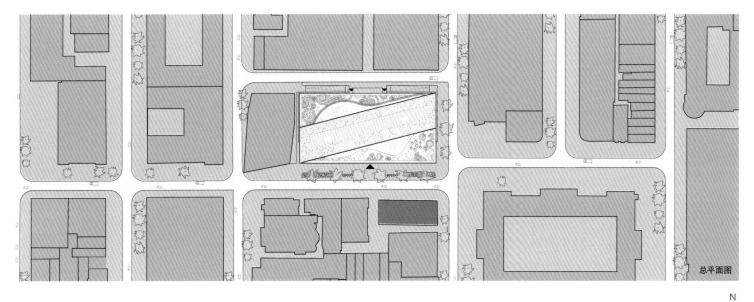

总平面图

图书馆剖面概念图　　　　图书馆混合功能剖面概念图

的餐厅，旁边是能够容纳300人的礼堂，可以作为会议、演出场地，通过造型奇特的楼梯就可直达密斯设计的咖啡馆和屋顶花园。无论是来图书馆阅读书籍的人们，还是参加会议的重要人士都可以在四楼领略到图书馆的设计感。全新的屋顶及屋顶花园是在现有屋顶造型的基础上装饰而成。

二、公共与私人，图书馆与居所

设计团队从图书馆的实际情况出发，利用外观造型呈现出图书馆的"豪华阵容"，既延续密斯·凡·德罗的设计理念，又传承马丁·路德·金的民权思想。建筑主体到底呈现半圆形，还是矩形，是交叉斜筋，还是对角斜筋，主要基于以下五点因素。

a. 保持原有建筑的横向跨度，且不在垂直方向上加建新的楼层。

b. G大街的变迁能够更加凸显出建筑的西南面。

c. 局部屋顶要向人们开放，最好选定屋顶的西南角。

d. 公寓楼的立面设计与图书馆的立面设计手法大相径庭，公寓楼需要低举架、窗帘及可以完全敞开的窗户。

e. 将生态设计理念注入公寓设计。

经过设计团队的反复探究，最终认定对角斜筋是能够满足以上五点需求的最佳选择。采用对角斜筋，可以吸引过路人们的目光，而且不影响现有建筑的水平跨度。更重要的是在屋顶东南角可营造供大家使用的开放花园，在西北角预留供图书馆工作人员使用的私密花园，甚至部分私密公园空间可供附近的高层公寓居民休憩。

三、现代主义纪念馆与节能环保金奖建筑

现有建筑强烈地表现出了密斯的设计哲学，从建筑的韵味、结构、钢材表面、大面积的玻璃隔断以及到极其讲究的细节处理。众所周知的是，密斯曾经标榜其建筑易维护，不易受损，设计团队为保持现有设计的美感、精华并最大程度地保持现有建筑的完整性，避免运用其他材料对外墙进行新一轮的加固。虽

然密斯曾经对此建筑有很高的预期，但是图书馆历经50年的风霜雨雪已然出现由热胀冷缩引起的墙面剥落。

室内墙面

设计团队针对气候对建筑的影响，以及节能环保认证的要求，将保温材料置于楼板下，同时在内里植入40厘米的玻璃板。从双层楼板到天花板，营造出良好的保温空间。在原有建筑表皮与新加玻璃板之间留足空隙有利于室内隔音和保温，这部分的空隙并非作为通风井，仅仅作为板底脱空的一部分。

荷兰的现代主义纪念馆多采用此种处理手法。室内墙面无论是封闭式，还是做通风排气处理，都要避免原有墙面因热胀冷缩引起的墙面剥落。梅卡诺建筑事务所在荷兰的利塞歌剧院运用了相同的手法处理室内墙面。室内墙面的保温作用一定要受到重视，因为只有这样才会给使用者提供最好的空间享受。另外，考虑到未来可能还会对纪念图书馆进行扩建工程，所以新增加的内部墙面完全可以在不破坏原有墙面的情况下拆除。

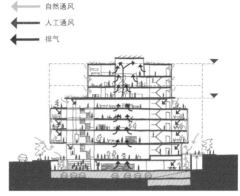

自然通风
人工通风
排气

新屋顶及屋顶花园

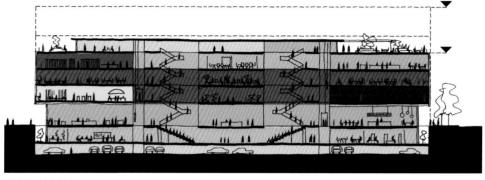

新屋顶及屋顶花园

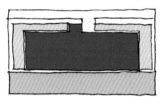

地下一层创意区

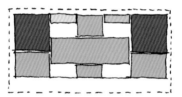

一层商店区

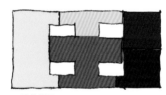

二层教学区

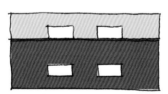

三层阅览区

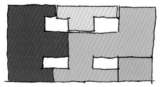

四层历史设计与未来设计结合区

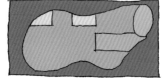

新屋顶及屋顶花园

可持续性

可持续性的设计理念贯穿设计过程的始终，根据节能环保金奖设计规范的要求设计团队充分地考虑到施工的问题。梅卡诺建筑事务所采用光伏玻璃板来控制夏季的太阳能，利用节能型照明、低排量混合通风系统、高效保温设备、土壤气体管理系统、灰水收集系统、节水泵、绿色屋顶、废水循环站以及大楼管理系统实现对温度的控制、废物的循环再利用以及楼梯低能耗。

自然通风

大楼采用先进的通风技术实现对室内气温的控制，并减少机械制冷和风扇消耗的电能。设计团队极其推崇混合通风系统，在自然通风可以达标的情况下避免使用机械通风设备，这种设计理念也被应用于由英国建筑研究所环境评估评价体系认定的伯明翰图书馆，最大限度地运用室外变温及建筑蓄热来实现。春秋两季室外气温适宜自然通风，夏季则需要机械制冷和通风系统的运作，冬季需要机械预热系统的运作。

建筑结构

在对位于荷兰的现代主义极简大师利特维的建筑进行翻新时，设计团队就曾与工程师们紧密合作。现有的建筑结构主要采用了约9米X9米和约9米X18米的隔栅，主体为钢结构，楼板则采用钢筋结构和预制混凝土的复合结构。现有建筑的结构已无法满足承重的需求，所以运用X形对角斜筋来进行加固处理，并充分利用楼面与楼板间的空隙进行建筑内部保温，但这必须满足两个条件，一是楼面可实现垂直承重，二是加固结构必须与建筑楼面主体结构有连接。

公寓施工

针对置于现有图书馆屋顶的公寓设计，设计团队提出了与桌子承重结构类似的理念，目的是尽可能的分散承重，并通过增加对角斜筋来实现。在现有基底结构的基础上，设计师运用轻质钢结构楼板及轻质隔墙来稳定整个楼体。虽然上层公寓可能会受到一定的风阻，但是现有结构完全可以满足上层公寓的承重需要。

21世纪与20世纪的建筑相比，无论是空间范畴、空间理念、材料和结构都迥然不同。马丁·路德·金纪念图书馆在垂直方向上结构和体量的延伸具挑战，加建的体量应从现有建筑中跳脱出来，与现有建筑进行呼应，并满足使用者对建筑功能性的要求。总而言之，加建的体量并非因华而不实的地标性设计而存在。

结构功能

马丁·路德·金纪念图书馆经此次竞赛设计已不再是一栋单纯的图书馆建筑，而是集混合功能区、文化交流区、科技创意区、物品展示区于一身的综合文化建筑，设计团队也充分考虑到各个年龄层次使用者的需求，让儿童、青少年和成年人都可以在图书馆内找到相应的图书及休闲设施。

在构思之初设计团队纠结于是完全延续密斯·凡·德罗的设计理念，还是在原设计基础上有所创新，但设计团队最终决定以密斯·凡·德罗的方式来提升图书馆的整体设计，在水平方向上以及对称性上延续原有设计，保留原始玻璃隔断，但拆除建筑内各层的实体墙以增强建筑内外的通透性，活跃整个图书的气氛。

效果图、模型、图纸和文字: © Mecanoo and Martinez + Johnson Architecture

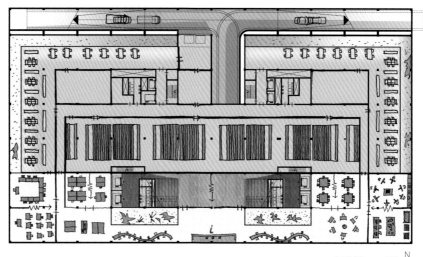

0 10 20　　50ft　N

地下一层平面图

1. 自由栅
2. 桌面

住宅区横断剖面图

1. 承重柱

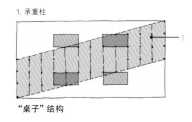

"桌子"结构

1. 现有玻璃
2. 双层玻璃
3. 保温板
4. 遮阳棚

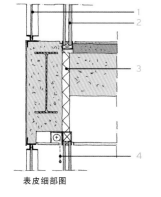

表皮细部图

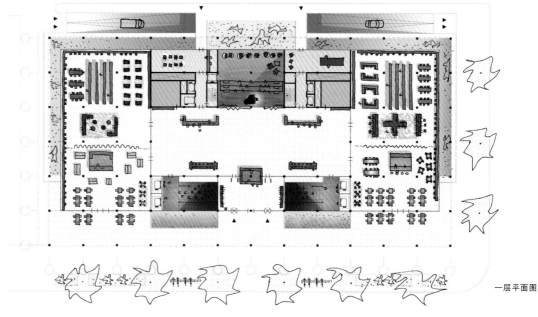

一层平面图

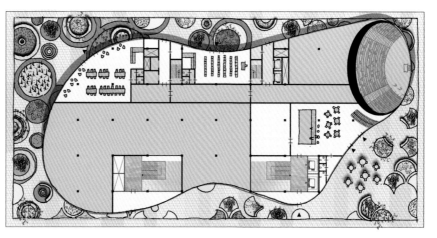

屋顶花园平面图

马丁·路德·金纪念图书馆竞赛

2017年哈萨克斯坦阿斯塔纳世博会竞赛
EXPO 2017 in Astana, Kazakhstan

艾德里安·史密斯+戈登·吉尔建筑事务所、节能实践公司、维尔纳·索贝克公司

艾德里安·史密斯+戈登·吉尔建筑事务所（Adrian Smith + Gordon Gill Architecture）赢得了2017年哈萨克斯坦世界博览会国际设计竞赛。

本次竞赛总共收到来自世界各地的105件设计作品，其中包括著名的库柏·西梅布芬事务所（Coop Himmelb(l)au）、扎哈·哈迪德建筑事务所（Zaha Hadid Architects）、格康和马克及合伙人国际事务所（GMP International）、马希米亚诺建筑事务所（Massimiliano Fuksas Architetto）、朱锫建筑事务所（Studio Pei-Zhu）、联合网络工作室建筑事务所(UNStudio)、斯诺赫塔建筑事务所（Snohetta）、HOK事务所、矶崎和青木及合伙人事务所（Isozaki, Aoki & Associates）以及萨夫迪建筑事务所（Safdie Architects）。

世界博览会每2年或3年举办一次，每次持续3个月左右。最近的一届世界博览会是2012年的韩国丽水世博会。每届世博会都会选定一个主题，并通过此主题来确定博览会的建筑场馆、活动以及相关展览。

2017年哈萨克斯坦阿斯塔纳世博会的主题为"未来能源"。该议题旨在敦促人们需在能源行业取得实质性的进展，主要集中在新型能源开发以及能源运输方式这两个领域。对可再生能源的开发和探索是全球性问题，即在确保经济增长和保障人们生活的条件下尽可能减轻环境污染和破坏。

艾德里安·史密斯+戈登·吉尔建筑事务所在充分理解"未来能源"的概念后将本次世博会场馆打造成为世界上首个历经第三次工业革命的城市，世博会所有场馆的能源都来自于可再生能源。建筑成为能源发动机，并利用高新科技贮存这些能源，并通过输电网络将能源输送到各个地方。在世博会社区内为汽车提供可再生的燃料作为动力。

基本信息

设计公司
艾德里安·史密斯+戈登·吉尔建筑事务所、节能实践公司、维尔纳·索贝克公司
客户
阿斯塔纳世博会组委会
地点
哈萨克斯坦，阿斯塔纳

上图：鸟瞰图
对页图：夜景

上图:哈萨克斯坦展示馆
对页上图:夜间街景
对页下图:大厅

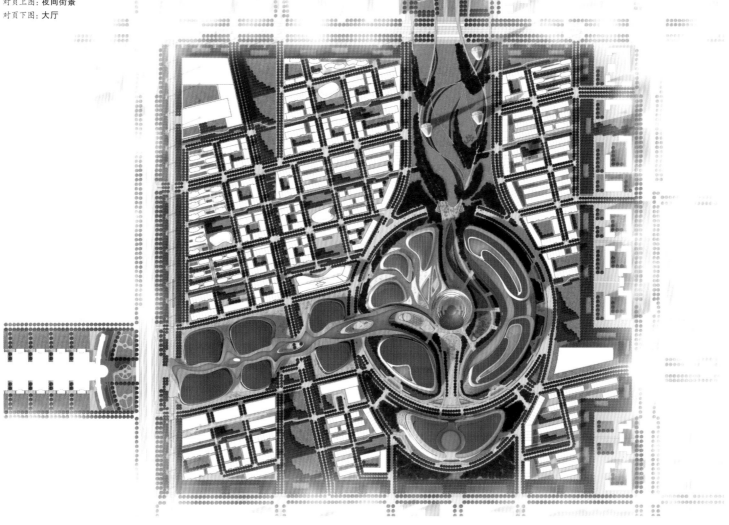

总平面图

上图、下图：展厅
对页图：中庭

建筑师评论

艾德里安·史密斯+戈登·吉尔建筑事务所的合伙人戈登·吉尔说，"建筑外观和建筑语言都力图表达节能的理念，建筑本身就是一种新型的能源工厂，直接汲取太阳能和风能，并且通过遍布整个社区的智能传输网络贮藏、利用这些能源。"

一、竞赛历程

设计团队应主办方要求设计了占地118620平方米的主题展馆及文化展厅、占地686000平方米的住宅区以及占地72000平方米的服务区，其中包括购物中心、社会文化、教育、人文公共设施和一处城市公园，也包括停车楼。

第一阶段的设计主题为"展览模式"，即设计并建造哈萨克斯坦主题展馆，包括酒店、零售商铺、艺术和表演空间。展馆的主题性、协作性、国际性要表现的极为突出。同时，"覆盖之城"包括零售商铺、住宅区和办公空间也需要在第一阶段实现。第一阶段的设计将于2017年6月完工并向大众开放。

第二阶段的设计主题为"遗迹模式"，完全展现世界上首个经历第三次工业革命的社区。世博会的所有建筑将被改造成为办公楼及工

业园区，旨在吸引跨国公司和企业的入驻。世博会的停车和服务区将被整合成具有世界一流水准的综合服务区，另外加建可容纳700户居民的住宅楼，及配套的办公室、酒店、购物中心、文化和教育设施。

二、外形的展览性

2017年世博会的地标性建筑位于整个地块中心占地24000平方米的球形主展馆，渐变的表皮可以起到减少建筑热能消耗及避免阳光直射室内的作用。同时，建筑作为一个集成的太阳能光伏板系统可以随时储存能量并提高能源产量。

世博会建筑充分地利用场地的优势。例如住宅区内从街道网格的设定，建筑体量的安排到建筑群的分布都是一系列节能研究的成果，提升室内外的空间舒适度，提升每一户型空间的能源采集。

"主场馆的建筑外观和使用材料展现出了独一无二的本土文化语言——外观所诠释出的艺术性是设计团队经过大量的研究和探索得出的最终结论。"艾德里安·史密斯+戈登·吉尔建筑事务所的合伙人艾德里安·史密斯如是说。

三、总体规划

除了主场馆，世博会场馆的总体规划同样遵循了外观诠释技术性的规则。世博会的城市设计由特定的场地因素决定，例如天气条件、文化背景及场地的兼容性等。为了降低能源消耗，提升能源采集量和空间舒适度，设计团队最终确认最优的建筑朝向可以最大限度地利用太阳能并减少热能消耗，在提升整个空间舒适度的同时，利用不断积累的太阳能实现能源的转化。

"建筑的特色在于其功能性，而不是展示性。2017年世博会是真正意义上的节能社区，服务于阿斯塔纳，服务于哈萨克斯坦。"来自艾德里安·史密斯+戈登·吉尔建筑事务所的罗伯特·弗雷斯特评价道。"即使在世博会结束后，其节能环保的理念并不会随之消失，而会被作为促进科学和学术研究发展的催化剂而存在，这将对当地的工业发展和就业带来全新的可能。"

世博会场馆与现有城市的联系网也非常值得人们关注。在"覆盖之城"的设计阶段会将纳扎尔巴耶夫大学与世博会场馆相连接，利用人行道来吸引人们光顾并开发当地的住宅、办公和商业空间。

另外，世博会场馆的北侧将建立一套公共停车系统，并与拜特雷克观景塔的大型停车场相连接，南面则与哈萨克斯坦的新标志——哈萨克斯坦展馆相连接。

对世博会场馆的总体规划上，设计师不仅考虑到建筑本身，同时也考虑到居民和使用功能的高效性。同时，高科技的能源输送网、水循环系统、集成肥水管理系统、应季的热能存储系统在未来将会被陆续开发，并且能够实现减少能源消耗、废物排放兼具提高水资源利用的目标。

四、设计团队

节能实践公司负责开发设计高效的机械装置、电子设备、管道设施、防火工程、智能低压输电网络以及建筑集成可再生能源系统。集成可再生能源系统包括太阳能光伏板、风力涡轮机、土壤源加热和制冷技术。

维尔纳·索贝克公司负责优化建筑结构体系，并负责场馆建筑从"展览之城"向"覆盖之城"的过渡工程。

效果图、图纸和文字：© Adrian Smith + Gordon Gill Architecture, PositivEnergy Practice, Werner Sobek

2017年哈萨克斯坦阿斯塔纳世博会竞赛

阿纳姆艺术中心竞赛
ArtA in Arnhem

比亚克·英格尔斯集团、阿拉德建筑事务所

目标地块处于河岸地带，地块的轴线起到连接历史城区与莱茵河地区的纽带。

阿纳姆艺术中心竞赛包括阿纳姆艺术博物馆和电影院。主办方希望参赛者可以充分发挥其创意专长，设计出兼具本土化和世界化的全新建筑，同时能够满足艺术业内人士、企业家和艺术家、普通市民的需求。

进入最终评选阶段的5个设计方案分别来自比亚克·英格尔斯集团与阿拉德建筑事务所、荷兰NL建筑事务所、美国SO-IL建筑事务所与HH工作室、隈研吾建筑都市设计事务所以及大都会建筑事务所。各家事务所为实现阿纳姆艺术博物馆与电影院的两种功能分区的巧妙融合，提出了各具代表性的解题方式。比亚克·英格尔斯集团提出采用扭曲的对角斜向坡度营造公共艺术空间实现艺术博物馆与电影院之间的衔接获得了评委的青睐。

建筑师评论

比亚克·英格尔斯设计团队提出运用一个简洁建筑体量的两端来布局电影院和艺术博物馆，电影院面对历史城区，艺术博物馆则朝向河岸。

在一栋充满活力的建筑中将现代展览设施与电影院融合在一起是极具矛盾性的挑战。因为大部分以设计闻名世界的艺术博物馆是在原有工业厂房的基础上利用大跨度空间诠释博物馆的艺术性，因为大跨度底层开放空间，较高的举架天花高度不仅可以实现内部空间的自由分区，也可以控制太阳光照对建筑内部的影响。然而，电影院的设计要求与艺术博物馆的设计要求则大相径庭，电影院应该是一个完全封闭的黑色盒子，一个让人们静下心来进行沉思和冥想的内向空间。

因此，在阿纳姆艺术中心要将两种在设计要求上迥然不同的两种功能融会贯通，在分别构思黑色盒子与白色立方体的基础上，充分运用坡度的空间过渡衔接艺术

基 本 信 息

设计公司
比亚克·英格尔斯集团
合作团队
阿拉德建筑事务所
客户
阿纳姆市政府
地点
荷兰，阿纳姆
建筑面积
8000平方米

上图：**鸟瞰图**
对页上图：**夜间外景**
对页下图：**艺术博物馆**

SILENCE,
I KNOW SO WELL
MY ONLY FRIEND
AND MY BITTEREST
OPPONENT

103

对角公共艺术广场

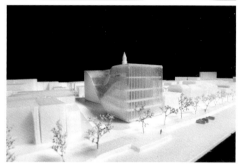

模型图

展示区和表演区,在利用建筑体量中段的扭曲造型塑造出倾斜的公共艺术广场纵向贯通首层空间和屋顶空间。公共艺术广场为流连于各个艺术功能区的人们提供休息和交流的场地,同时起到模糊艺术区、公共休闲区、教学区和娱乐区之间界限的作用。

标新立异的艺术建筑完全将多重设计矛盾化解,并形成一种矛盾之美,兼具内向性与外向性,感性与理性,通透性和封闭性,独创性与灵活性。

阿纳姆艺术中心利用周围里耶博格地区的院落结构,建筑高度上限为30米,屋顶的视角极佳,可以看到两个建筑的两端。建筑体量的外墙朝向河岸地区的部分采用玻璃幕墙,幕墙顺势延伸到阶梯式公共艺术广场及屋顶花园。

位于建筑中端的扭曲窗口不仅可以实现多角度的日照,同时人们可以观赏到周围地区的街景。

照片、效果图、模型、图纸和文字:© Bjarke Ingels Group, Allard Architecture

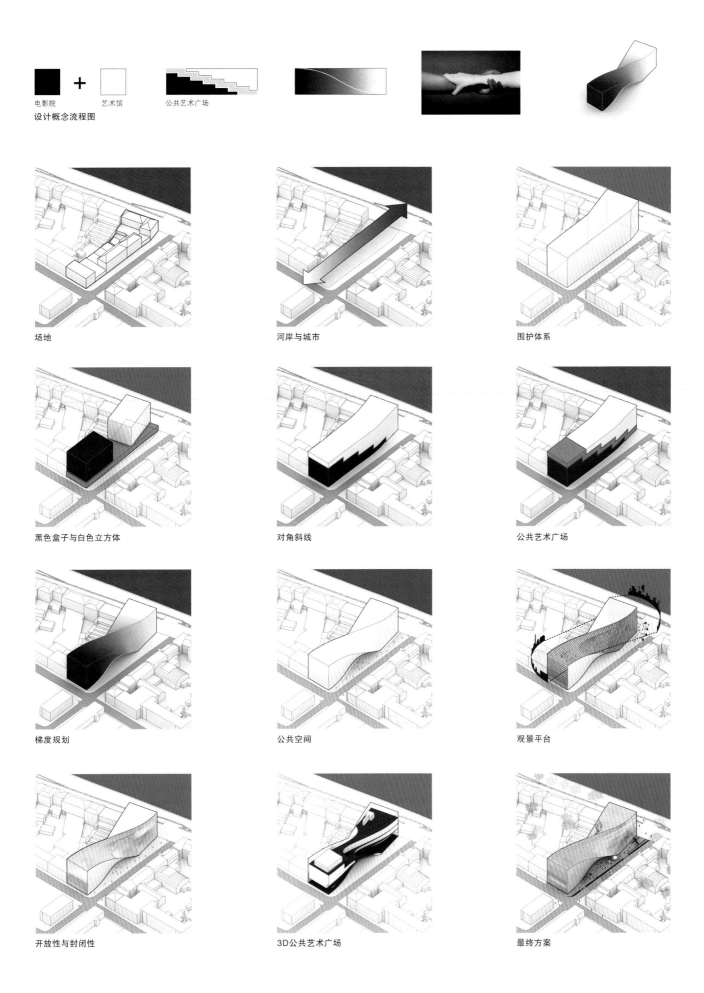

电影院　＋　艺术馆　　公共艺术广场

设计概念流程图

场地

河岸与城市

围护体系

黑色盒子与白色立方体

对角斜线

公共艺术广场

梯度规划

公共空间

观景平台

开放性与封闭性

3D公共艺术广场

最终方案

阿纳姆艺术中心竞赛

对页图：**对角公共艺术广场**
本页图：**扭曲的过道**

阿纳姆艺术中心竞赛

慕尼黑鲍姆基兴中心大楼竞赛
Baumkirchen Mitte in Munich

联合网络工作室、OR ELSE景观事务所、荷兰布洛伊克伦景观事务所、维尔纳·索贝克事务所、柏林HPP事务所

联合网络工作室（UNStudio）的本·范·伯克尔在慕尼黑鲍姆基兴中心大楼的设计竞赛中最终胜出。最终入围慕尼黑鲍姆基兴中心大楼竞赛的6家公司分别是联合网络工作室（UNStudio）、比亚克·英格尔斯建筑集团（BIG Architects）、尤尔根·梅耶·H建筑事务所（Juergen Mayer H Architects）以及施耐德＋舒马赫建筑事务所（Schneider + Schumacher Architects）。联合网络工作室的设计作品拔得头筹。联合网络工作室和OR else景观事务所共同设计的鲍姆基兴中心大楼是一座总面积为18500平方米，高度为60米集办公、居住为一体的综合大楼。该楼将成为未来慕尼黑东部新区的门户。

建筑师评论

本·范·伯克尔（Ben van Berkel）对胜出作品这样评价，"建筑外立面清晰的纹理融合了不同的细节处理方式，横向的条带包覆整栋建筑所呈现出清晰的纹路，若你仔细观察便会发现——表皮是如此别出心裁，细腻精妙。"

慕尼黑鲍姆基兴中心大楼是设计团队充分研究建筑体量、功能与朝向后得出的最佳设计方案，在规划地块内建筑高度和体量方面有着严格的限制——建筑必须以一高一低的外观造型呈现，在建筑北段可以看到德国火车站的轨道，这也给设计团队带来许多声音控制方面的难题。

基 本 信 息

设计公司 联合网络工作室

客户 因默地产公司、帕特里奇亚地产公司

地点 德国，慕尼黑

建筑表面 18500平方米

建筑体积 47716立方米

建筑用地 3820平方米

功能 13000平方米办公区域、5500平方米的住宅区域

景观顾问 OR else景观事务所、荷兰布洛伊克伦景观事务所

机械、电气、管道和可持续设计维尔纳·索贝克事务所

防火设备 柏林HPP事务所

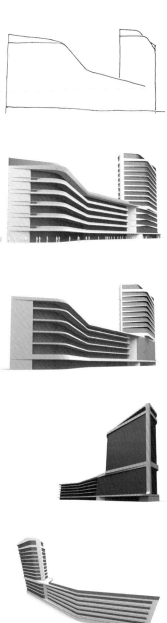

立面图

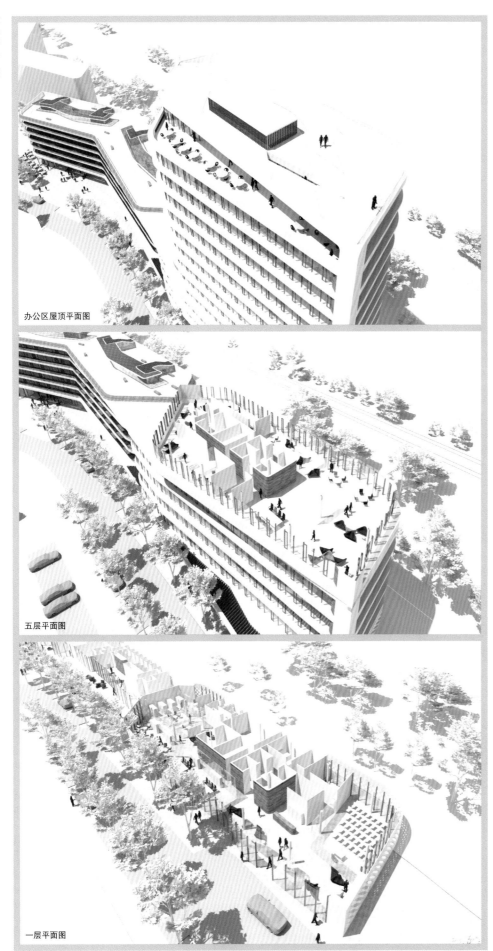

办公区屋顶平面图

五层平面图

一层平面图

经过建筑师们的多次讨论，最终确定了14层楼的办公塔和与之相连的55户住宅楼。

低层的住宅楼对面是一个公共广场，完全融入到了城市"肌理"；高层的办公楼则以其醒目的高度与气势向人们展现出慕尼黑东部的特色。

设计团队研究建筑的办公空间与生活空间的发展新趋势后，确定了室内外空间的构想，并着力实现内部空间与外部空间的过渡，协调办公与生活空间必须注重空间布局的灵活性与适应性。

一、新型办公空间

现代的办公文化已不再拘泥于设计考究的私人办公室，可供员工头脑风暴、集思广益的小型会议室以及临时会议室成为设计的重头戏，如此一来空间布局的灵活性是设计者亟待解决的问题。因此，联合网络工作室提出充分运用中性场所的设计，如门厅、走廊及会议区来展现建筑的特色，最大限度地满足用户对空间组合的需求，大楼还专门规划有交流空间和创意工作室。

二、新型生活空间

住宅区的设计源于人们对现代生活的不断变化需求和期望。灵活多变的户型形成多样化的住宅格局，并且这些户型能够与相邻的单元相连。此外，灵活多样的平面图造就了公寓布局中的多样化配置，从而直接解决了住户具体和个性化的需求。

大小不一、形态各异的室外空间也是整个住宅公寓必不可少的组成部分。大楼带给住户的生活体验感不仅存在于室内空间，住户在路过、进入大楼时就会感受到别样的氛围。新型生活空间的概念会促进邻里之间的交流沟通，同时公共空间与私人空间在住宅区内形成一种全新的平衡。

三、二元性

大楼的外观设计体现了项目的二元性。两种截然不同的材料呈现出办公区和住宅区不同的外观和感觉。明亮的金属材质构成大背景，赋予整个结构现代感和光线美，而木材的对比使用让大楼看起来就像一件为城市空间定制的家具。

住宅区与办公区衔接处

住宅区开放空间

四、生态住宅景观

原有铁路站台留下的痕迹构成了屋顶花园的结构蓝图。花园景观里线性框架的灵感来自于田径场上的自然植被，这些框架容纳了厨房花园和游乐区域，以及观赏性草地和多年生花卉植物。

雨水收集系统、堆肥系统和养蜂区让这个集成的屋顶花园变得不仅仅是一个休闲区域。它能够发挥重要的生态作用，促进实现可持续发展的居住环境。

效果图、模型、图纸和文字：© UNStudio,
OR else Landscapes, Werner Sobek, HPP Berlin

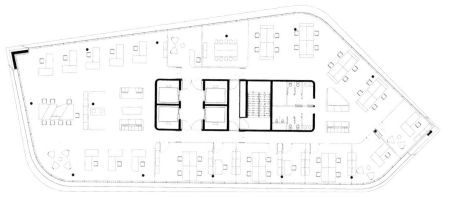

办公区五层平面图

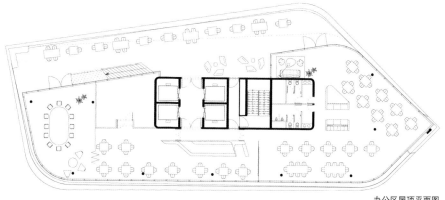

办公区屋顶平面图

慕尼黑鲍姆基兴中心大楼竞赛

植被与分布

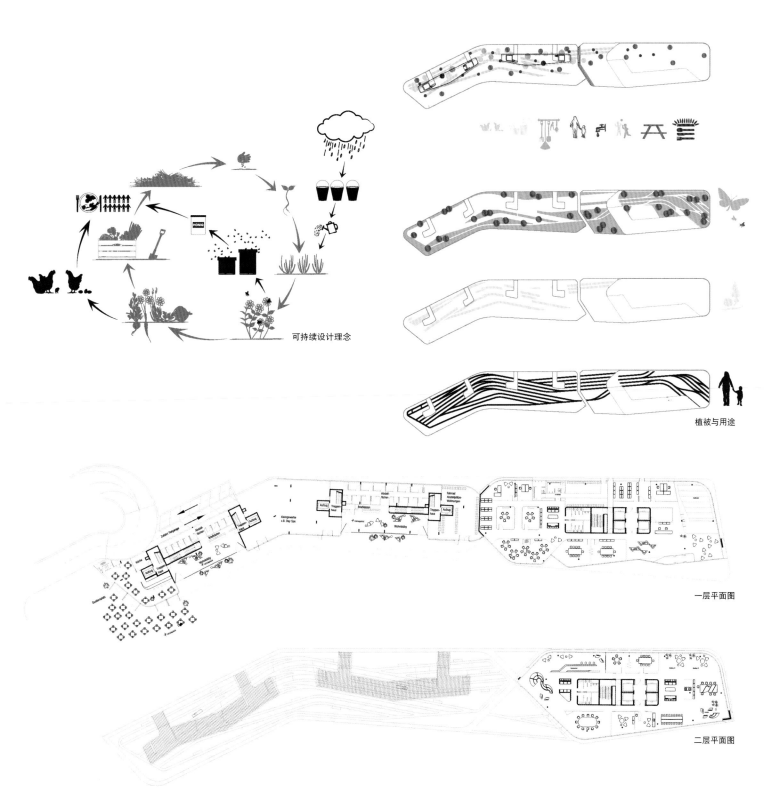

可持续设计理念

植被与用途

一层平面图

二层平面图

五层平面图

宁波图书馆竞赛
Ningbo Library

施密特·汉默·拉森建筑事务所

中国浙江宁波图书馆最终确认由丹麦施密特·汉默·拉森建筑事务所负责设计，图书馆位于宁波新东村的核心区，毗邻生态湿地，极具发展成为新文化中心的潜力。此竞赛作品通过开放式的设计和灵活的手法打败邀请赛中的其他参赛作品，在未来实现馆藏200万册图书，日均接待400万用户的目标。

现有宁波市图书馆成立于1927年，是当地最具有历史价值、馆藏图书最多的图书馆，日均接待3000到4000人左右。图书馆方面表示想通过新图书馆吸引更多的人到图书馆内看书学习，期望日均接待7000到8000人，所以为了满足未来大量用户的使用需要，馆内特地设置了一个可容纳3000人共同使用的开放式学习空间。

建筑师评论

"我们所设计的图书馆兼具开放和便捷的特点，在8000平方米的开放空间内实现图书馆的基本功能，并完全满足图书馆馆藏图书的需求。" 施密特·汉默·拉森建筑事务所的合伙人莫顿·施密特说道。"场地的开放性极佳，与公共广场、景观生态公园连接得恰到好处，在视觉上达到室内外不分彼此的效果。"

馆内中庭以层层堆叠的图书为造型，中庭内设有学习桌椅、阅览座位、上网隔间以及多媒体空间。人们从一楼的开放阅读空间上楼，经过多个安静的学习空间及历史藏书室便可以到达中庭，中庭举架高度为28米，人们可以直接感受到从屋顶倾泻下来温暖阳光，精巧的屋顶给人一种恍若置身于灯笼罩内的感觉。

基本信息

设计公司
施密特·汉默·拉森建筑事务所

客户
宁波市政府，宁波图书馆

地点
中国，浙江

建筑面积
31405平方米

预计建成时间
2016年

上图：鸟瞰图
对页图：门厅

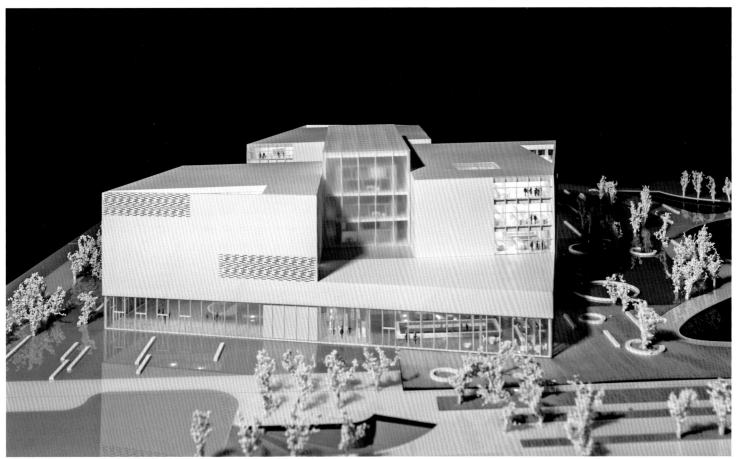

本页图：**模型**
对页图：**外景**

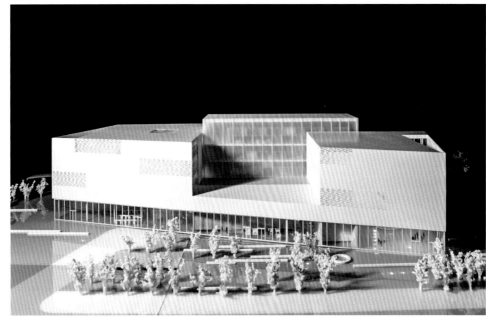

"这个新图书馆项目是浙江省宁波市城市开发工程的一部分，目标地块刚好毗邻宁波政府新大楼，仅看图书馆的地理区位就足以彰显出新图书馆的重要性。"施密特·汉默·拉森建筑事务所驻上海办公室的主任克里斯·哈迪说。

从可持续设计理念的角度审视图书馆的设计时会发现——图书馆主要采用被动式节能手段，而并非是在建筑结构基础上架设高科技节能设施。这种被动式节能手段包括控制建筑朝向，使得自然光线进入室内空间，并利用中庭和建筑结构来实现楼体的自然通风，同时也可以利用露石混凝土优化夏、冬两季的热稳定性。

宁波新图书馆是施密特·汉默·拉森建筑事务所在中国的首个设计项目，该事务所

曾经设计过12栋图书馆建筑，其中8栋已完工，另外4栋还处于建设施工过程中。这些图书馆建筑中最广为人熟知的是哥本哈根皇家图书馆，正是这栋图书馆为世界图书馆设立了全新的标杆。

2013年，施密特·汉默·拉森建筑事务所设计的阿伯丁大学新图书馆获得由英国皇

家建筑师协会授予的荣誉奖项，在建的奥尔胡斯新公共图书馆是斯堪的纳维亚地区最大图书馆，同样，加拿大的哈利法克斯图书馆也是当地最大的图书馆建筑。

效果图、模型、图纸和文字：© schmidt hammer lassen architects

上图：开放式学习空间
对页图：门厅

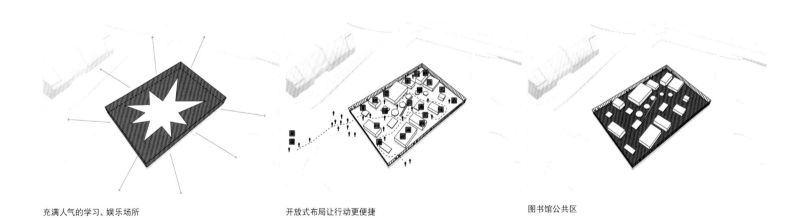

充满人气的学习、娱乐场所　　　　　开放式布局让行动更便捷　　　　　图书馆公共区

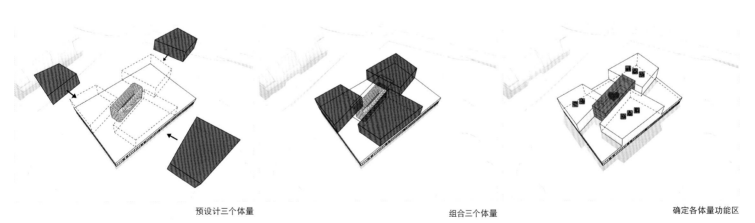

预设计三个体量　　　　　　　　　　　　　　　　组合三个体量　　　　　　　　　　　　　　确定各体量功能区

莫斯科国家现代艺术中心建筑竞赛
National Center for Contermporary Arts (NCCA) in Moscow

海涅翰·彭建筑设计公司

2013年12月23日，国家现代艺术中心国际建筑竞赛的获奖名单由国家现代艺术中心董事会在莫斯科宣布，获得竞赛优胜奖的事务所是来自爱尔兰的海涅翰·彭建筑设计公司。早先在12月12日举行的国际评委研讨会从第二轮入围的10家参赛公司中遴选出最终三家获奖公司——爱尔兰的海涅翰·彭建筑设计公司，俄罗斯的梅尔建筑工作室和来自西班牙的涅托·索伯亚诺建筑事务所。

竞赛主办方为国家当代艺术中心，承办方为现代艺术促进基金会。本次竞赛也得到了俄罗斯联邦文化部，莫斯科建筑与城市规划委员会及莫斯科建筑师协会的支持。国家现代艺术中心为本次竞赛提供资金支持，设计与施工由政府提供财力支持。本次国际公开竞赛包括两轮设计比赛，共持续6个月。自俄罗斯联邦文化部部长梅金斯宣布本次竞赛开始共收到来自全球的900件设计作品，其中约250

件作品满足竞赛要求。在第一轮评选过后，评委会委员从中挑选出10件设计作品进入第二轮评选，最终经国际评委会委员与艺术中心董事会的讨论得出最终获奖名单。

本次竞赛的评委会委员主要包括丹麦海宁·拉尔森建筑事务所的路易斯·贝克、西班牙密斯·凡·德罗基金会主任吉尔瓦纳·卡耐瓦里、荷兰MVRDV建筑公司的合伙人维尼·马斯及其他在建筑和艺术圈内知名的人士。

莫斯科国家现代艺术中心是莫斯科文化生活的地标性建筑，它在未来将会发展成为霍丁斯科重建地区的建筑标志。另外，该艺术中心作为传播现代艺术的国家级场馆将会与世界上其他艺术机构加强文化交流与合作，促进俄罗斯现代艺术的发展、研究和传播。

基本信息

设计公司
海涅翰·彭建筑设计公司
客户
国家现代艺术中心
地点
俄罗斯，莫斯科
建筑面积
4800平方米
预计建成时间
2018年

上图：内景
对页图：外景

本图：远景
对页图：外景

立面图

总平面图

1:2000

立面图

建筑师评论

"霍丁斯科地区作为艺术中心的目标建设地点，周边将出现一系列的开发工程，除了国家现代艺术中心博物馆建筑群，还会规划建设购物中心、停车楼、住宅楼、办公楼，旨在打造集文化、商业和居住混合功能为一体的新型城市空间。国家现代艺术中心大胆且具有视觉冲击力的外观必将促进周边其他建筑的设计。例如由雷姆·库哈斯设计的拉斯维加斯古根海姆博物馆就衍生出与之配套的酒店和赌场。本次竞赛旨在让人们再一次关注莫斯科，领略它的现代主义，感受建筑与功能的完美融合。"来自斯特勒卡非盈利机构的丹尼斯·里昂特耶夫评论道。

海涅翰·彭建筑设计公司提出的国家现代艺术中心竞赛方案充分利用建筑的垂直元素，在垂直方向上充分考虑各功能区及人群的分布状况。由于场地规模大、人口稀少，所以要利用建筑的魅力来吸引参观者进入艺术中心。展览空间采用渐进式——既方便参观者直接进入某一展厅进行参观，也方便参观者从头到尾地浏览展品。建筑的垂直组织方式具有较强的通达性，参观者可以直接到达目标楼层，不会在某一楼层浪费过多时间。由于目标地块过去是民用小型机场，所以设计团队在处理建筑周围的景观时，保留了原有飞机场的跑道，形成自然和历史遗迹相互融合的景观带。另外，此地远离市中心，可在花园旁配套修建滑板设施和溜冰场。

设计团队对建筑的空间组织考虑到如下几点：将展厅置于建筑顶层；一层可作为活动场地；建筑内流线通达且便利。就建筑内交通的安排，设计团队为参观者提供最便捷的参观线路，参观者乘手扶梯从门厅进入展厅，从接待区到馆藏区的过程中，会先领略到艺术中心的办公的氛围，后感受到艺术中心的艺术馆藏。展厅空间的自由结构非常值得人们称道，可以展出形状各异、高低参差的各类艺术家的作品。交通线路层次分明，可以满足普通爱好者及专业人士的需求，而且从艺术中心到周边的停车场、小型民用机场和博物馆都非常便利。

效果图、图纸和文字：© Heneghan Peng Architects

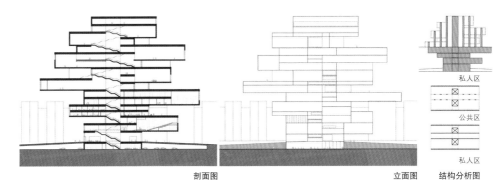

剖面图　　　　　　　　　　立面图　　结构分析图

剖面图　　　　　　　　剖面图　　　　剖面图

莫斯科国家现代艺术中心建筑竞赛

展厅

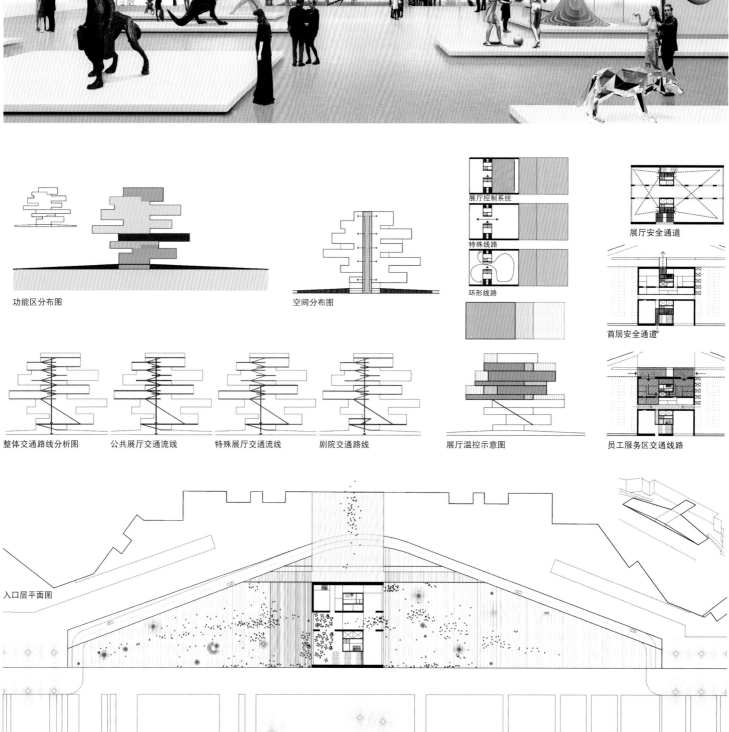

功能区分布图

空间分布图

展厅控制系统

特殊线路

环形线路

展厅安全通道

首层安全通道

整体交通路线分析图　　公共展厅交通流线　　特殊展厅交通流线　　剧院交通路线

展厅温控示意图

员工服务区交通线路

入口层平面图

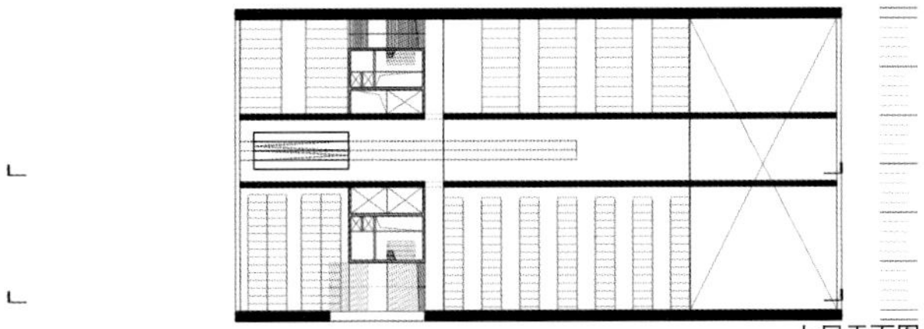

七层平面图

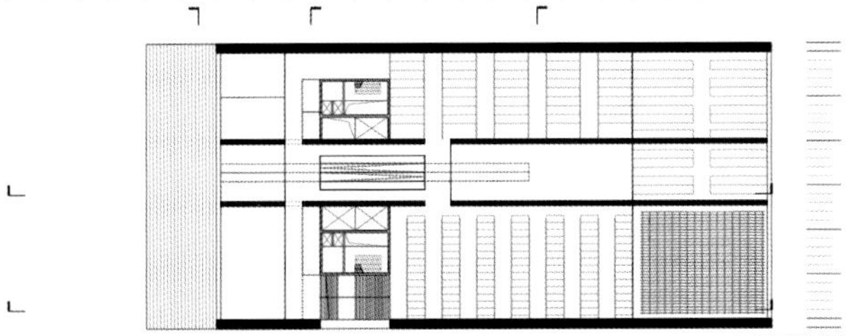

十五层平面图

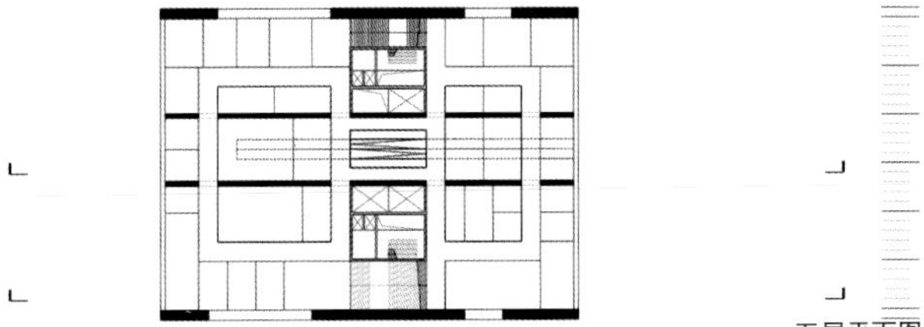

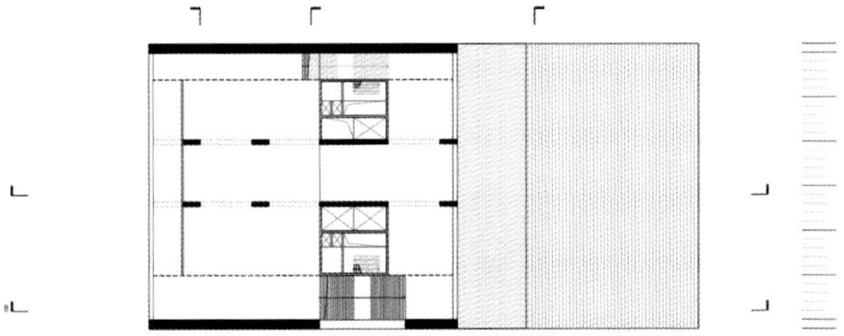

六层平面图

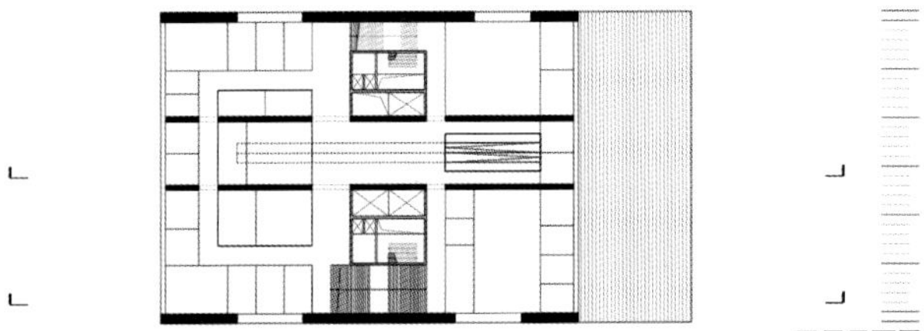

十四层平面图

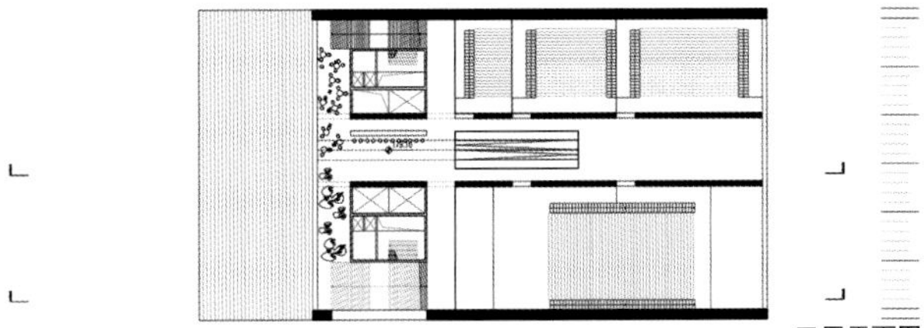

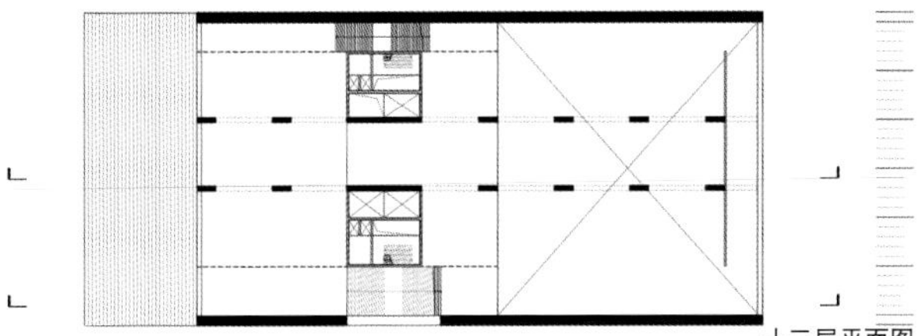

五层平面图

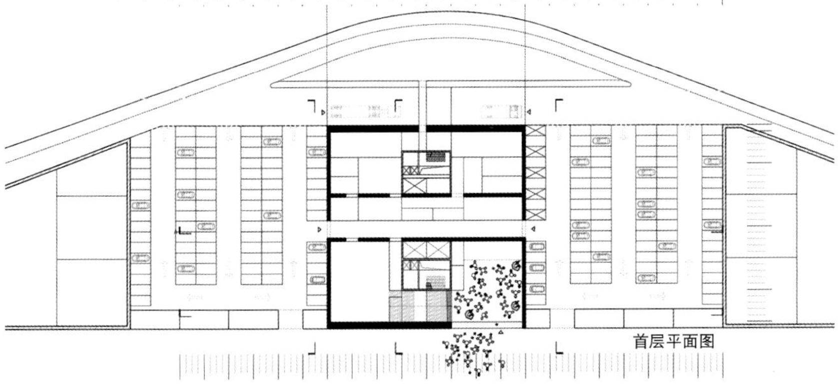

十三层平面图

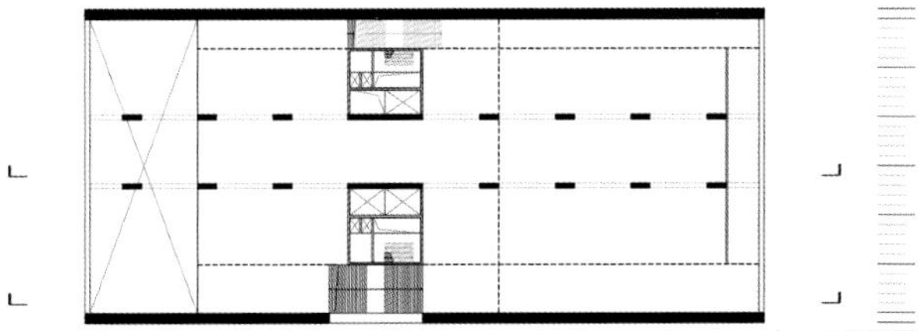

四层平面图

十二层平面图

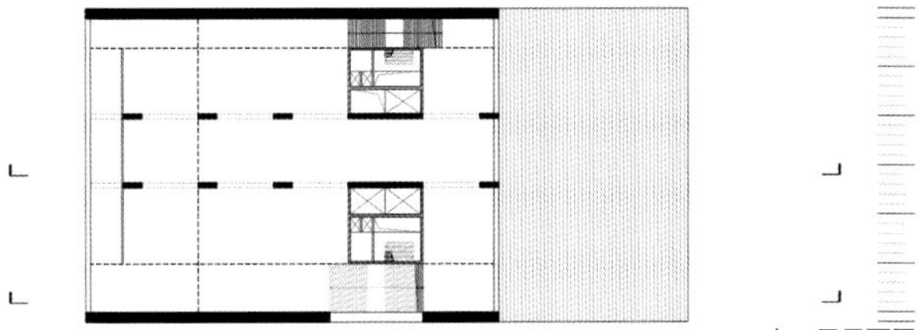

三层平面图

十一层平面图

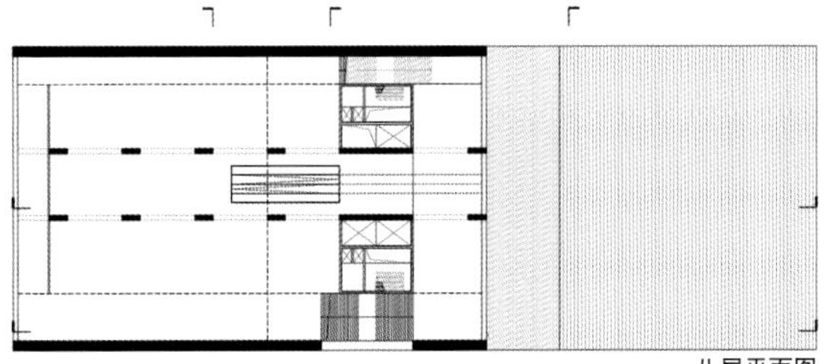

首层平面图

八层平面图

斯丹利·科利尔对话斯派拉·维克尼克

Spela Videcnik Interview

位于斯洛文尼亚首都，卢布尔雅那市的OFIS建筑公司，由两位建筑师罗克·阿曼和斯派拉·维克尼克创立。两位建筑师在完成他们的大学学业之时，正直斯洛文尼亚从前南斯拉夫的分裂中获得独立，随即他们在伦敦的建筑联盟学院积攒了更为全球性的设计视角。

由于未受到严格采购系统的阻碍，公司迅速调整出一套市场经营体系，并取得了显著的成果，凭借这套系统公司中标了一些重要的设计竞赛。今年秋天，斯派拉·维克尼克和罗克·阿曼将再一次踏上美国的国土，成为哈佛大学的访问评论家。

照片、效果图和图纸：© OFIS Architects

《竞赛》：你们是如何开始自己学习建筑设计的道路的？

斯派拉·维克尼克（以下简称SV）：最初，我想成为一名时尚设计师。从10岁开始我已经为自己做衣服了。然后我的妈妈说，我在这方面没有什么未来。因此我决定学习建筑设计。此后我遇见了罗克，他是一位在建筑设计领域很有背景的建筑师。

《竞赛》：在20年前，斯洛文尼亚从南斯拉夫中分离出来，这一定对你们的建筑设计领域造成了一定的影响。

SV：对于那些在旧体制下的大公司中工作的建筑师来说，他们不得不重新开始，白手起家，像所有人一样。在某种程度上，这似乎对他们更加困难，因为他们不再能在先前的社会制度下处理预算问题；其他都按照合同来执行。对于年纪大一些的建筑师，这很可能是相当困难的；对于我们来说，通过学习便可以掌握。因此，我认为我们是处于同一处境的。

在从以前的国家分离出来之前，南斯拉夫是一个比现在大得多的市场；这里有着一些来自塞尔维亚和南斯拉夫内其他州的优秀建筑师。回到那时，南斯拉夫的市场是对欧洲封闭的，其他的欧洲国家也并不对我们开放。

《竞赛》：在斯洛文尼亚独立之后，是否在这里的建筑师首先选择了去奥地利？

SV：不，主要是向着荷兰。对于那些可以支付起费用的建筑师，荷兰是他们的首选。当然，也有一些可以承担费用的建筑师选择去伦敦建筑联盟学院甚至是去洛杉矶。但是我们中的大多数选择去荷兰，因为在这里事情更加的顺利，而且在此之后也会很快回来。目前，

我们一年可以建设三个较大的项目。当然在过去的三年并不能达到这种程度。

《竞赛》：你们第一个成功的竞赛项目是哪一个？

SV：我们刚开始投入到建筑设计这个工作中的那个阶段，在卢布尔雅那的住宅大厦6（湖边公寓）是我们第一个项目，而且这个项目赢得了竞赛。这次竞赛是在1997年，项目完成是在2000年。

马里博尔体育场

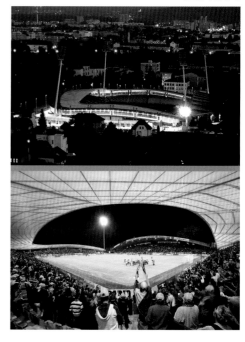

起初，我们参加了许多竞赛，大多数是开放性的，并且不需要任何财务担保。国家资助这些竞赛，因此在参赛资格上没有限制，我们就参加了很多这样的竞赛。在1998年，我们赢得了两个竞赛，一个是之前提到的住宅竞赛，另一个是位于马里博尔的体育场（上图），后者用了十年时间完成。

第六届欧洲竞赛获奖作品

大部分的竞赛是匿名竞赛。仅在2004年之后，我们开始收到邀请参加特邀竞赛——这些竞赛大部分由建筑公司运作。

《竞赛》：但是在此期间，你们在伦敦的建筑联盟学院学习。

SV：是的，正是那段时间我们决定出国，然后我们获得了奖学金去建筑联盟学院学习。对于我们来说，这是一次十分美好的体验，对于我们这样，来自一个像斯洛文尼亚只有两百万人口的小国家的人来说，这是一次获得全球性视角的机会。建筑联盟学院对于主修的建筑师来说是一个聚集地，同样，在这里能够看到在伦敦发生的一切，比如在艺术和戏剧领域的动态，等等。

我们在伦敦的导师是帕特里克·舒马赫，通过他我们遇见了他的合作伙伴，扎哈·哈迪德，她之后成为了我们生命中一位很重要的人，现在我们也保持着不时的联系。另一方面，现任的哈佛院长穆赫辛·穆萨法威也是对于我们来说很重要的人，此外，其他包括外交部的官员和布雷特·斯蒂尔也对我们影响很大。

当我们在2000年回国时，我们赢得了在奥地利的格拉茨举行的第六届欧洲竞赛——竞赛的主题是住宅与景观的结合。起初，项目进展顺利，但随后由于更换了市长，项目并未建成。但是我们仍然保留了我们对于这个项目的设计理念，即使它没有被实现。

《竞赛》：但是在早期也有一些其他竞赛。

SV：在1998年，我们赢得了卢布尔雅那的城市博物馆扩建竞赛（下页左上图）；但是项目是在我们回国之后才开始动工的，主要是因为他们要在博物馆地下进行挖掘。他们知道有一些考古证据在那里，但是并不知道具体是什么类别的考古证据。确实在那里有了一些重要的发现；因此我们的项目也从根本上进行了一定程度的改动。他们要求在原有的位置上对考古证据进行保留，在那里他们发现了一条罗马道路和罗马住宅等等。因此这些空间免于作为建筑结构的元素。另外，考虑到所有因素，我们改进了坐落在城市历史区域中心的奥爱尔斯佩格亲王宫殿翻新工程的设计理念。这也是几个较复杂的工程之一，因为在施行阶段我们一直保持着与考古学家和保护主义者的对话。

《竞赛》：我相信在那我们看见了雕刻精美的石棺。

SV：是的，在那曾经是一个车库，这只给我机会在庭院里去建造一个新的结构，可以展示不同历史阶段的遗址。史前阶段位于地下3米，罗马时期大概在1.6米的位置。所以参观者可以在不同的层面上去体验不同时间的遗址风貌。

《竞赛》：这也是一个竞赛吗？

SV：是的，这是一个开放性的竞赛，实际上，大多数我们的作品都是竞赛的成果。

《竞赛》：这个住宅扩建的项目也是一个竞赛作品。

SV：几家公司被要求提供方案——这种让私人客户提供五六种方案的情况不常见。这个别墅的故事是关于一个村庄的旧民宅进行扩建的项目。我们并没有在房子原有的基础之上增建房屋，而是在房屋的地下挖掘出一个酒窖。结果并没有让这间住宅隐藏在景观之中，而是让美景与建筑相依。由于这种设计方法，客户从国家遗产部得到允许来实施这个项目。房屋周围是一片开放的、明亮的区域，遥望着一片湖。由于客户的特别要求，台阶渐进式地探入房屋。因为是在高寒地区，所有的用料都采用木材。

《竞赛》：你们已经做了一些住宅的项目。这些也都是竞赛作品吗？

SV：这是一个由政府投资的低成本公益住宅项目，专门针对年轻的居民。入住的前提条件是，购房者必须积攒一定数量的钱，随后可以低价购买这些单元住宅，甚至可以以非常合理的利率为他们提供贷款。该住宅位于皮兰海岸附近，有两个街区大，同样是我们获胜的竞赛作品。当你签署一份合同，你需要确保你的预算不会超过一定的限制。由于项目位于亚得里亚海，这里充满了地中海风情，人们居住在这里就像生活在一个兼具康乐设施和私密性的阳台之上。所以我们决定将这些元素融入到设计之中。我们制作的平面图是非常有效的，这让我们可以在外立面的设计上大展身手，这可能就是为什么我们要在外立面上加许多阳台的原因，这也让我们赢得了竞赛。我们在公寓的设计上也充满了许多灵活性，以便居民们可以有机会在空间的规划上提出他们的建议。因为建筑立面的特殊样式，人们称这种建筑为"蜂箱"（下页右上图）。

《竞赛》：现在所有人都在谈论可持续性。在你们的项目里这点有很多体现吗？

SV：在我们这，我们真的没有很多资金去实现可持续性。我们不得不用非常简单的元素来进行弥补，例如制造阴影等。

卢布尔雅那城市博物馆扩建作品

蜂箱公寓

650公寓楼

考虑到我们在巴黎的项目的情况，我们需要证明我们的方案采用了某种可持续措施，即使预算是低的，在这个项目的设计仍然有一些可持续性的元素——太阳光电、可循环用水、20厘米厚的隔热保温等。

《竞赛》：在卢布尔雅那你们同样赢得了一些住宅竞赛。

SV：这个卢布尔雅那的公寓项目也是竞赛项目，是一个由一家私人投资商和一家建筑公司支持的共有650个公寓的公寓楼。我们再次赢得了这次竞赛——我们提出了一个非常好的空间成本比率方案，甚至低于"蜂箱"的预算。这个方案分为四个体量，每个135米长。由于公寓之间是相同的，我们预先制造了附带装饰和窗户的剖面。因为建设时间短至仅有350天，只有通过使用这种手法才能保证进度。因为外立面是分层的，它并不表现为一个整体连续的长形结构。一些公寓装配了更多玻璃，拥有更少的开放空间，其他公寓则是附带开阔的阳台，装配的玻璃也较少。空间上，公寓并不是完全相同的，有两个或三个房间的，等等。所有的公寓距离建筑中心都在步行的范围内。

《竞赛》：赢得在巴黎的竞赛是一个令人惊喜的成绩。你们一定在比赛中有一张万能牌。

SV：是这样的。这个项目是为了住在维莱特的学生而建（左下图），也将近完成了。但法国的系统与我们这里相当不同。赢得竞赛后，我们不仅是它的设计师，也负责起项目直到完成整个阶段的监督工作。这与大多数的国家不同，施工经理在工程施工阶段通常才是最重要的人。

《竞赛》：在这样的经济环境下，未来会有什么变化？

SV：我们会继续我们在斯洛文尼亚的工作，但不幸的是，由于全球的金融危机，在这里未来不会有像现在一样多的工作。因为在巴黎我们成立了工作室，我们将尝试投入到在那的新工作中去。东部欧洲对我们来说充满了好的可能性，因为目前我们参与了在俄罗斯、哈萨克斯坦和白俄罗斯的项目设计。在白俄罗斯，我们为贝特足球俱乐部设计的体育场正在建设中，在格鲁吉亚有一个新系统的公共办公室大楼，在那里已经有一些非常漂亮的建筑——它们由福克萨斯、尤根·迈尔和一家格鲁吉亚当地的设计公司设计。我们也会参与到在那里的竞赛，提供几个我们的设计方案。

贝特足球俱乐部体育场

篮子公寓

照片、效果图和图纸：© OFIS Architects